Salt

일러두기

솔트의 요리 레시피는 업장에서 사용하는 대량 레시피를 간소화해 가정에서 쉽게 만들 수 있도록
대부분의 메뉴를 2인분으로 소개했습니다. 올리브오일, 소금, 후춧가루 등의 양념은 각자의
기호에 맞춰 넣으시면 됩니다.

Salt 10th Anniversary

1판 1쇄	2022년 1월 31일(한정판)
지은이	홍신애 @hongshinae
기획 및 편집	장은실 @ageha47
인터뷰	김민정
교열	조진숙
사진	김정인 @taste.of.light
디자인	렐리시 @relish_life
인쇄	규장각
펴낸이	장은실(편집장)
펴낸곳	맛있는 책방 Tasty Cookbook
	서울시 마포구 마포대로 12, 1715호
	ⓞ tastycookbook
	ⓜ esjang@tastycb.kr

ISBN 979-11-916710-7-0 13590
2022ⓒ맛있는책방 Printed in Korea

Editor's
Letter

홍신애 선생님을 처음 만난 날이 생각납니다. 2년 전 솔트에서 첫 만남을 가졌고, 저는 선생님과 김치를 주제로 한 책을 내기로 했죠. 하필 그해 배춧값이 폭등하고, 김치가 금치가 되어 '집에서 담그기는 어려울 거야' 하는 우려 탓에 이 기획은 조금 미루게 되었답니다. 그럼에도 선생님과 꼭 책을 만들고 싶어 홍신애가 제일 좋아하는 음식인 떡볶이를 주제로 한 책을 구상했고 그 결과 많은 분들의 사랑을 받은 〈모두의 떡볶이〉가 탄생하게 되었습니다.

솔트에서 밥을 먹는 날이면, 하루 종일 주변에 밝은 에너지와 따뜻한 기운이 머물러 있었어요. 홍신애 선생님의 넘칠 듯 기분 좋은 환대, 직원분들의 상냥한 서비스, 제철에 가장 맛있는 재료를 전국에서 공수해 날씨에 따라, 분위기에 따라 요리한 메뉴들… 와인 셀러는 작지만 음식에 꼭 맞는 와인을 추천해주고 직접 담근 맛있는 김치를 파스타, 리조또와 함께 내어주는 곳이죠.

한국에서, 요리책을 만드는 출판사에서 한 레스토랑을, 그리고 그곳 메뉴를 주제로 하는 요리책을 출판하는 건 쉽지 않은 일이지요. 그럼에도 제가 느꼈던 솔트의 넉넉하고 따뜻한 분위기를 책으로 전달해야겠다는 다짐이 앞섰습니다. 대중성을 담보로 하는 책은 아니었기에 수요는 적을지라도 솔트를 찾는 분들, 앞으로 솔트를 찾아주시는 분들을 위해 한 레스토랑의 성장기와 메뉴를 기록으로 꼭 남겨보고 싶었습니다.

이 책은 소비하는 책이기보다 소장하는 책으로 남기길 권해드려요. 아껴아껴 보시며 10년 뒤, 20년 뒤에도 한국에 솔트라는 레스토랑이, 방송인으로 유명한 줄만 알았던 홍신애 셰프가 이렇게 진정성 있게 한국의 식재료를 발견하고 그것을 맛있게 요리했구나, 하고 생각해주시면 책을 만든 편집장으로서 더없이 행복할 것 같습니다.

지난 1년 동안 책 작업을 하며 수없이 솔트를 드나들었습니다. 그럼에도 음식이 질리기는커녕 다음 주는 어떤 음식이 나올까, 다음 달 솔트는 어떤 모습으로 변해 있을까 늘 기대를 갖게 했죠. 홍신애 선생님의 20여 년 요리 역사가 켜켜이 쌓인, 이 책을 함께 만들 수 있어 참 기쁘고 감사했습니다. 이제부터는 독자분들이, 솔트를 사랑하는 분들이 즐겁게 읽어주셨으면 합니다. 솔트의 10주년을 진심으로 축하드립니다.

장은실 편집장

Salt

10th
Anniversary

홍신애 지음

맛있는
책방

이탈리안 밥집 '솔트'를 운영하며 다양한 방송 활동과 라디오, 집필을 통해

대중들과 음식을 주제로 소통하는 홍신애 선생님은

자칭 타칭 '요리 덕후'입니다. 결혼 후 미국으로 건너가 본격적인

요리 세계에 입문하면서 시작된 홍신애표 요리는 취미와 애호의 수준을

넘어 본격적인 탐구와 연구 영역으로 접어들었습니다. 푸드스타일리스트를 거쳐 방송에서

재치 있는 입담과 박식한 요리 이야기로 많은

사랑을 받았습니다. '맛있는 것에는 다 이유가 있다', 홍신애 선생님의

요리 철학입니다. 솔트 레스토랑의 개업 10주년을 맞아 요리 인생에서

가장 소중하고 기뻤던 일들, 그리고 가장 맛있었던 경험을 독자분들과 나누고자

1년여의 작업 끝에 이 책을 펴냈습니다.

Prologue
언제나 즐거움이 가득한 곳…
어서 오세요, 여기는 솔트입니다 · 014

Essay
솔트의 시작, 그리고 10년 · 018

Spring in Salt
솔트의 봄

봄멸치회 · 026
Spring Anchovy Carpaccio

가재새우파스타 · 028
Scampi Pasta

서해바다 주꾸미 · 030
West Sea Octopus

올리브오일 이야기 · 032
About Olive Oil

동해바다 봉골레파스타 · 034
East Sea Vongole Pasta

봄나물튀김 · 036
Fried Spring Namul

치즈 이야기 · 038
About Cheese

시저샐러드 · 040
Caesar Salad

문어구이 · 042
Roasted Octopus

바나나튀김 · 044
Fried Banana

마데이라 이야기 · 046
About Madeira

Essay
솔트의 보물, 소금 · 048

Summer in Salt
솔트의 여름

가지구이 · 058
Roasted Eggplant

한치순대 미나리무침 · 060
Calamari Sundae with Minari Salad

토마토치즈파스타 · 062
Tomato Cheese Pasta

토마토카프레제 · 064
Tomato Caprese

토마토 이야기 · 066
About Tomato

동전복구이와 멸치소스 · 068
Avalone with Anchovy Sauce

수박구이와 초리조구이 · 070
Roasted Watermelon and Chorizo

바질페스토크림파스타 · 072
Basil Pesto Cream Pasta

허브포카치아 · 074
Herb Focaccia

전복내장리조또 · 078
Avalone Risotto

여름 감자로 만든
매시트포테이토와 옥수수 · 080
Mashed Summer Potato and Corn

돌문어샐러드 · 082
Octopus Salad

그린채소구이 · 084
Grilled Green Vegetables

홍신애가 사랑하는 차와 후추 · 086
About Tea & Pepper

토종닭 아란치니 · 088
Chicken Arancini

도미카르파초 · 090
Snapper Carpaccio

Essay
솔트의 그릇 · 092

Contents

Autumn in Salt
솔트의 가을

청란프리타타 · **100**
Egg Frittata

황태카르보나라 · **102**
Dried Pollack Carbonara

야생버섯구이 · **104**
Grilled Wild Mushroom

제주버섯리조또 · **106**
Jeju Mushroom Risotto

얼룩돼지 무화과사과처트니 · **108**
Roasted Pork Belly with Fig Apple Chutney

한우관자삼합구이 · **110**
Grilled Korean Beef and Scallop

한우 이야기 · **112**
About Korean Beef

대하소금구이 · **114**
Roasted Shrimp with Salt

스파이시크랩파스타 · **116**
Spicy Crab Pasta

뿌리채소갈비찜 · **118**
Galbi Jjim with Root Vegetables

단새우삼치카르파초 · **120**
Shrimp and Spanish Mackerels Carpaccio

가을배추구이 · **124**
Roasted Autumn Cabbage

구운 사과와 올리브오일 아이스크림 · **126**
Roasted Apple and Olive Oil Ice Cream

Essay
솔트의 가족들 · **128**

Winter in Salt
솔트의 겨울

비단가리비찜 · **134**
Roasted Red Scallop

고등어파스타 · **136**
Mackerel Pasta

볼로네제파스타 · **138**
Bolognese Pasta

섭스튜 · **140**
Mussel Stew

글루텐프리 브라우니 · **142**
Gluten-free Brownie

명란파스타 · **144**
Cod Roe Pasta

제주한그릇 · **146**
Grilled Jeju Organic Vegetables

아빠멸치파스타 · **148**
Daddy's Anchovy Pasta

솔트티라미수 · **150**
Salt Tiramisu

영국에도 없는 피시앤칩스 · **152**
Fish and Chips Not in England

겨울양배추수프 · **154**
Winter Cabbage Soup

Essay
솔트의 김치 · **156**

People Who Love the Salt
솔트를 사랑하는 사람들 · **160**

Epilogue
안녕히 가세요,
솔트에 또 놀러 오세요 · **198**

Prologue

언제나 즐거움이 가득한 곳…
어서 오세요,
여기는 솔트입니다

제가 이 책을 만들면서 새삼스레 깨달은 것이 하나 있습니다. 요리야말로 제 인생을 통틀어 가장
사랑하는 일이라는 것을요.

계절이 바뀔 때마다 그 계절의 식재료로 음식을 만들어 촬영을 진행했고, '솔트'를 사랑하는
고객분들을 모셔 이곳에 얽힌 사연과 소중한 이야기를 들었습니다. 이 모든 것을 책에 담는
1년이라는 시간은, 요리에 대한 애정을 새삼스레 확인하는 특별한 경험을 가져다주었습니다.
솔트가 10주년을 맞았다고 하니 많은 분들이 "여성 셰프라는 타이틀로 어떻게 그렇게 오랫동안
식당을 운영할 수 있느냐?"고 묻곤 하셨습니다. 식당 열 개가 문을 열면 여덟 개가 문을 닫는 요즘
같은 상황에서, 10년 넘게 버티고 있으니 신기하셨나 봅니다. 그러나 이런 질문을 받으면 제 답은
쉽고 간단합니다. 제아무리 힘들고 어렵다 해도 정말 좋아하고 사랑하는 일이기에 오늘에 이를 수
있었다고요.

제 인생에서 가장 즐겁고 보람된 일은 늘 먹는 것과 관련되어 있습니다. 어디에 가면 맛있는 재료를
찾아낼 수 있는지, 그 재료를 이용해 최상의 맛을 내는 방법은 무엇인지, 또 고객에게 최고의
만족감을 선사하는 방법은 무엇인지 등을 궁리하는 일이야말로 제 생의 기쁨이자 정서적으로
가장 충만해지는 시간입니다.

왜 그런 거 있잖아요? 누군가를 좋아하고 사랑하게 되면 상대의 모든 것을 알고 싶고 탐구하고 싶고
24시간 내내 함께 있고 싶은 거요. 요리는 제게 그런 존재입니다. 마치 스토킹의 대상이랄까요.
맛난 재료를 찾아내 그에 어울리는 끝내주는 요리 비법을 얻기 위해 애써왔습니다. 열렬히 추구하고
사랑하는 대상, 제게는 그게 바로 미식의 세계입니다. 오늘의 저를 있게 한 가장 근원적인 힘이자
솔트의 10년을 있게 한 원동력이라고 할 수 있습니다.

가족들이 모이면 모두 같이 어마어마한 양의 만두를 만드느라 늘 정신이 없었어요. 만두를 빚는 할머니, 머리카락처럼 얇게 애호박을 썰어내는 엄마, 밥공기로 만두피 모양을 찍어내는 저까지 한동안 정신없이 만들다 보면 어느새 해가 저물곤 했지요. 할머니는 만두뿐만 아니라 김치, 국, 찌개 등 다른 요리들도 모두 진두지휘하시며 온 가족의 밥상을 책임지셨지요. 어릴 적부터 음식을 먹을 때마다 행복감을 느꼈으니 이 기분을 가족을 비롯한 타인에게도 느끼게 하고 싶었습니다.

고백하자면, 처음부터 식당 주인이 꿈은 아니었어요. 대학에서 음악을 전공했고, 결혼 후 미국에서 살았습니다. 그때 요리 블로그를 운영했는데 꽤 인기를 끌었고, 한국에 돌아와 푸드스타일리스트로 데뷔한 것이 결정적인 계기가 되었습니다. 책도 내고 방송 촬영도 하면서 분주하게 살았고, 요리 교실도 운영했죠.

그런데 이상하게도 요리 교실을 운영할수록 적자가 났습니다. 요리할 때 좋은 식재료를 사용하는 것을 원칙으로 하다 보니 재료 구입비가 만만치 않았거든요. 그렇게 허덕이며 살던 어느 날, 한 친구가 저에게 그러더군요. 이렇게 힘들게 요리 교실을 운영할 바에는 차라리 문을 닫고 직접 식당을 차리라고요. "가르쳐서 돈 벌지 말고 먹여서 돈을 벌라"는 말이 제 귀에 꽂혔습니다. 손님에게 맛있는 음식을 대접하며 돈을 버는 것이 어쩌면 제게 더 맞는 일이라는 생각을 한 것입니다. 결국 밥집 사장으로 새로운 이력을 시작하게 되었죠.

한식당 '쌀가게'를 오픈해 인기를 얻었고, 우여곡절을 겪으며 '솔트'를 운영하기 시작했습니다. 박병규 셰프가 처음 오픈한 솔트 본점, 그리고 솔트 1호점을 거쳐 현재 이 자리에서 2호점을 운영해온 세월이 벌써 10년입니다. 어떻게 지나갔는지도 모르게 가버린 그 시간이 이제 소중한 자산과 역사가 되어 돌아오고 있습니다. 이렇게 기념 책도 나오게 되었으니, 제가 요리에 바친 시간이 허투루 쓰이지 않은 것은 분명하겠지요?
저는 미식 DNA가 뼛속 깊이 각인된 사람입니다. 그 운명을 따라 솔트 by 홍신애로 살고 있으니, 어쩌면 저는 제 삶을 제대로 꾸려온 것일지도 모르겠습니다.
제가 운영하는 솔트에 오셔서 음식도 맛보고, 사랑스러운 솔트의 분위기도 느껴보세요.
이 책이 안내자 역할을 할 것입니다. 저는 이곳에서 맛난 음식과 함께 늘 여러분을 기다리고 있겠습니다. 그럼 솔트에서 뵙겠습니다.

2022년 1월 홍신애 드림

Essay

솔트의 시작,
그리고 10년

제 식당 역사의 첫 시작은 한식당 '쌀가게'였습니다. 즉석 도정한 쌀로 밥을 지어 화제가 되었지요.
1인분에 9900원을 받는데, 가격에 비해 내용이 충실하다는 평으로 꽤 인기를 끌었습니다. 하지만
대중적으로는 인기가 있었으나 사업적으로는 신통치 않았습니다. 자선 사업을 하는 것처럼 매달
적자를 보았고, 운이 좋으면 한 달에 몇십만원 남짓 남길 수 있었습니다. 외식으로 접근하기에 쌀밥을
파는 한식집은 쉽지 않은 영역이었습니다. 결국 3년 남짓 운영하다 '쌀가게'를 접었고, 새로운 대안을
모색하게 되었습니다.

사람들이 리조또 한 그릇에 기꺼이 2만원을 지불하는 것을 보면서 양식으로 방향을 틀면 어떨까
생각했습니다. 무엇보다 한번도 안 해본 음식이라 재미있을 것 같았습니다. 이탈리아 요리가 나오는
백반집 같은 콘셉트면 좋을 것 같았습니다. 그런 상상이 꼬리를 물고 이어졌고, 이런저런 구상 끝에
솔트에서 요리하기 시작했습니다.

처음부터 손님이 많았냐 하면 그건 아닙니다. 오픈하고 6개월 동안은 좌석이 텅텅 비어 애를 먹었죠. 장사가 너무 안 되어 2만원 넘게 팔던 메뉴를 1만3900원으로 내린 후 샐러드와 음료까지 함께 주는 파격 할인을 진행하기도 했습니다. 수익은 나지 않았지만 이를 계기로 입소문이 나기 시작했고, 점심에 왔던 손님이 저녁에 다시 오면서 조금씩 좋아지기 시작했습니다.

그러다 대박 메뉴가 등장했습니다. 바로, 파스타였죠. 저는 사람들이 '솔트' 하면 '파스타'를 제일 먼저 떠올리길 바랐습니다. 한 그릇만 먹어도 배부르고 사람들이 좋아하는 데다 어쩐지 소울 푸드 같았거든요. 한우를 넣은 볼로네제 파스타에 정성을 쏟았는데, 의외로 대박을 터트린 건 고등어 파스타였습니다. 그 후 솔트는 명란 파스타, 오일 파스타 성지로 입소문이 나면서 점심때 사람들이 줄 서서 먹는 파스타 맛집으로 등극하게 되었습니다.

이와 동시에 패션과 뷰티 업계의 영향력 있는 분들이 솔트를 찾기 시작했고, 그분들이 또 지인들에게 솔트를 소개하면서 유명인과 셀러브리티의 방문이 시작되었습니다. 저 역시 이를 기회로 적극적인 마케팅을 펼쳤고, 다시 주변에 입소문이 퍼지는 선순환 구조가 이루어지면서 자리를 잡게 됩니다. '쌀가게'에서 9900원짜리 밥을 팔던 저는, 손님들에게 2만5000원의 식사비를 받는다면 그에 상응하는 가치를 지닌 음식으로 되돌려주는 게 마땅하다고 생각했습니다. 볼로네제 파스타를 만들 때도 미리 갈아 납품하는 소고기를 쓰는 것이 아니라 질 좋은 한우를 통째로 받아 일일이 손질해 사용해야 직성이 풀렸죠.

솔트는 돈을 받는 만큼 돌려주는 식당이라는 인식이 생겨나기 시작했고, 홍신애는 재료나 조리법으로 속이는 사람이 아니라는 믿음이 퍼지면서 충성 고객이 늘어나기 시작했습니다. 연배가 있는 분들일수록 양식당을 꺼리는데, 소화가 잘 안 되기 때문입니다. 하지만 이런 분들이 솔트의 음식을 먹으면 속이 편안하다고 신기해하셨어요. 좋은 재료를 써서 음식을 만들기 때문이라는 것을 알게 되었고 굳건한 신뢰가 쌓여갔습니다.

서는 솔트에서 손님들께 늘 맛있고 정성스러운 음식만 대접하고 싶습니다 그러려면 딱 지금의 규모로, 지금과 같은 방식으로 존재해야 한다고 믿습니다. 더 확장할 생각도 없습니다. 가격 부담이 있더라도 좋은 재료를 써야 하고, 귀찮고 손이 많이 가더라도 손님들이 맛있게 드실 수 있도록 시간을 투자해 재료를 다듬고 음식을 만들고 싶습니다. 직원이나 친구들은 '왜 이렇게까지 하느냐?'고 의아해하기도 하고, 종종 말리기도 하지만 제 고집을 꺾을 수는 없었죠.

맛만큼은 최고를 고집해야 합니다. 한번 최고의 맛을 찾았다면 절대로 되돌아갈 수는 없습니다. 그게 요리하는 사람이 기본으로 갖춰야 할 덕목이라 여깁니다. 제가 솔트를 운영하는 한 이 원칙은 달라지지 않을 것입니다.

Note

김정인 사진작가의
노트

처음 홍신애 셰프의 '솔트 10주년' 단행본의 기획 취지에 대한 이야기를 들었을 때, 동시에 저는 책의 이미지를 그릴 수 있었습니다. 솔트에서의 경험 — 식탁을 가득 채운 풍성한 색감의 제철 요리들과 역사와 이야기가 있는 빈티지 그릇들, 식탁 위를 오가는 분주한 손들과 공간을 채운 따뜻한 에너지 — 들이 떠올랐고 그 순간들을 온전히 담아내고 싶었습니다.

디지털 사진이 만연화된 시대에 필름으로 음식 사진을 찍는다는 것이 무모한 생각이었을지도 모르지만 저는 바로 이 프로젝트를 필름 작업의 회화적 색감과 중형 카메라가 주는 현장감을 살려 정물화(Still-Life)의 느낌으로 촬영하고 싶다고 제안했습니다. 물론 번거로움과 비용, 기술적 까다로움을 감수해야 하는 일이지만 실시간으로 현상되는 디지털 이미지와 달리 필름 촬영은 사진작가에게 피사체를 너 오래노록 바라보고, 바라봤던 장면이 현상될 때까지 머릿속에 머무를 수 있는 시간을 주기 때문이죠.

저는 솔트에서 음식을 만드는 모습과 이곳을 방문한 사람들의 경험이 필름 촬영의 방식과 비슷하다고 생각했습니다. 느리고 성실하게 만들어내는 맛의 아름다움과 찰나의 기쁨을 기억하는 방식에 있어서요. 촬영 현장에서의 호흡이 독자들에게도 전달된다는 믿음으로 무모한 제안을 흔쾌히 받아들여준 맛있는 책방의 장은실 편집장 덕분에, 이 프로젝트가 시작될 수 있었습니다.

효율적인 구성을 위해 메뉴 플레이트를 제외한 나머지 사진들은 디지털로 진행했고, 그렇게 1년간 솔트와 사계절을 보내며 기록한 이미지들이 모여 이 책이 완성되었습니다. 이 책을 완성하기까지 모두에게 존재했던 애정과 존중, 믿음, 헌신이 이 책을 소장하는 독자들에게도 닿기를 바랍니다.

Part 1
Spring
in Salt

솔트의 봄

Spring Anchovy Carpaccio

봄멸치회

봄이 되면 새로운 맛이 많이 탄생합니다. 생명력을 머금고 있는 봄나물들이 대표적이죠. 하지만 진짜 계절의 맛은 바다에서부터 오곤 해요. 봄의 시작을 알리는 순간부터 남쪽 바다에서는 멸치잡이로 바빠집니다. 흔히 국물을 내는 멸치는 생멸치를 찌고 말려서 육수가 잘 우러나오게 만든 것이지만 생멸치를 회로 먹으면 또 다른 고소한 맛이 응축되어 있어요. 봄에 잡히는 멸치는 생으로 먹기에 딱 적당해요. 국물용 멸치보다 큰 사이즈의 생멸치를 회로 먹으면 그 달콤하고 녹진한 맛에 사로잡힐 거예요.

멸치회는 서양에서 '안초비 카르파초Anchovy Carpaccio'로 부르며 즐겨 먹는 음식입니다. 솔트에 오면 레몬즙에 소금과 올리브오일, 후춧가루를 뿌려 살짝 절인 상태의 멸치회를 맛볼 수 있어요. 안초비를 만드는 방식과 비슷하죠. 멸치회는 오래 두고 먹는 음식이 아닙니다. 재빨리, 얼른 입에 넣어 그 싱싱함을 즐기는 것이 포인트예요. 짭조름하면서도 고소한 멸치살에서 바다 맛을 느낄 수 있을 거예요.

멸치는 손질하기 참 어려운 생선이에요. 칼을 사용하면 살이 금방 물러지기 때문에 오로지 손으로만 손질합니다. 멸치 머리를 제거하고 손톱으로 일일이 비늘을 긁어낸 후 몸통을 벌려 내장과 뼈를 발라냅니다. 지느러미도 손으로 다 제거하는데, 멸치 손질할 때는 엄지손가락을 가장 많이 씁니다. 이 작고 보드라운 생선을 맛보기 위해서 들이는 수고로움이 만만치 않습니다.

멸치회는 성숙한 어른의 맛이라고 생각합니다. 술 한잔을 부르기도 하고요. 싱싱한 멸치살이 입안에서 어우러질 때 봄은 이미 코앞에 와 있을 거예요.

Ingredients

멸치 20마리, 레몬 1개, 올리브오일 100ml, 타임, 소금

Tip | 봄 멸치회는 당일 먹는 것보다 하루 숙성 후 다음 날 먹는 것을 추천합니다.

Recipe

1. 살아 있는 멸치를 손으로 머리, 등과 배 지느러미를 제거한 후 비늘을 꼬리에서 머리 방향으로 긁어 제거합니다.

2. 멸치를 펼쳐 물에 씻은 후 체에 건져 1시간 동안 물기를 제거합니다.

3. 물기가 제거된 멸치에 레몬즙, 소금, 올리브오일 순으로 뿌립니다.

4. 3을 반복해 켜켜이 쌓은 후 완성합니다.

5. 기호에 따라 타임을 뿌려주세요.

Scampi
Pasta

가재새우파스타

새우는 새우인데 그 맛이 심상치 않은 새우가 있습니다. 바로 가재새우입니다. 새우의 머리가 닭벼슬처럼 생겼다고 해서 이 이름을 얻었는데요. 영어로 스캠피*Scampi*라고 하며, 새우계의 '여왕'으로 불릴 만큼 맛이 좋습니다. 일반 새우에 비해 달고 부드러우며 고소한 감칠맛이 나지요. 그래서 이 새우를 맛본 손님들은 킹크랩이나 바닷가재의 살을 먹는 것 같다고 이야기합니다.

살아 있는 가재새우의 배와 집게발은 푸르스름한 색상이 돌고, 새우 알은 마치 물을 들인 것처럼 선명한 파란색을 띠고 있습니다. 새우는 흔히 연안에서 잡힐 거라 생각하지만 이 가재새우는 먼바다에 나가 잡아옵니다. 아무 때나 쉽게 잡히는 게 아니라 무척 귀한 새우이며, 솔트는 이 가재새우를 제주에서 공급받고 있습니다.

가재새우는 머리를 떼고 나면 살이 꼬리에만 작게 남습니다. 파스타 한 접시에 15~20마리가 들어가요. 잘 모르시는 분들은 '이게 새우 맞아요?'라고 할 정도로 생김새가 다른데 한번 맛보면 그 특별한 감칠맛과 쫄깃한 식감에 반하게 됩니다. 솔트에서는 가재새우로 만든 오일소스파스타 혹은 로제파스타를 맛볼 수 있는데, 이번에는 로제소스로 파스타를 만들어보았습니다.

솔트의 로제소스는 단순히 생크림만 쓰는 게 아니라 표고버섯에 우유를 넣어 오랫동안 푹 끓인 후 갈아서 사용합니다. 토마토는 서양 토마토와 국내 토마토를 섞어서 쓰고요. 세상에서 가장 특별한 솔트만의 로제소스로 만든 가재새우파스타입니다.

Ingredients

스파게티 면 110g, 가재새우 20마리,
토마토소스 150ml, 버섯크림소스 100ml,
면수 200ml, 페페론치노,
파르미지아노레지아노 치즈 가루, 치즈, 바질

Tip | 토마토소스는 시판 토마토소스를
활용하세요.

Tip | 버섯크림소스
표고버섯 200g, 마늘 3쪽, 우유 500ml, 소금
모든 재료를 넣고 끓인 뒤 블랜더에 갈아주세요.

Recipe

1. 스파게티 면은 미리 삶은 뒤 면수는 따로 준비해둡니다.

2. 가재새우는 껍질을 벗겨 살을 분리합니다.

3. 팬에 토마토소스와 버섯크림소스, 면수, 페페론치노를 넣고 끓입니다.

4. 소스가 끓으면 면과 새우살을 넣고 치대면서 익힙니다.

5. 그릇에 담고 파르미지아노레지아노 치즈 가루와 바질을 올려 완성합니다.

West Sea Octopus

서해바다 주꾸미

주꾸미는 봄과 여름, 가을 등 다양한 시즌에 잡힙니다. 일년생인 주꾸미는 봄에 태어나 여름, 가을을 보내고 다시 봄에 산란하고 죽습니다. 우리가 흔히 아는 봄 주꾸미는 알이 꽉 차 있습니다. 산란 직전의 주꾸미이기 때문이지요. 주꾸미 알의 고소한 맛을 즐기기 위해 봄 주꾸미를 찾는 분들이 무척 많습니다. 주꾸미는 봄에 먹어야 제맛이라 생각하는 거죠.

솔트에서 서빙하는 주꾸미의 대표 요리 '서해바다 주꾸미'는 알을 품고 있는 주꾸미가 아닙니다. 저는 개인적으로 알이 꽉 찬 주꾸미의 맛이 최고라는 의견에 동의하지 않습니다. 오히려 알이 없는 주꾸미의 보드라운 맛이 더 매력적이라고 생각하지요. 더불어 우리가 오랫동안 바다의 생물을 온전히 맛보기 위해서는 알배기를 무조건 잡아먹는 건 피해야 할 일이에요. 그래서 요리할 때에는 되도록 알이 없는 주꾸미를 사용하려 애씁니다.

서해 바다에서 잡히는 봄 주꾸미는 맛이 좋습니다. 적당히 살이 올라 쫄깃하고, 사이즈도 제법 큽니다. 구이용으로 즐기기에 딱이지요. 주꾸미는 머리를 뗀 후 다리 부분만 사용합니다. 떼어낸 머리는 잘 말려 소금으로 만듭니다. 솔트는 소금 만들기 전문점이니 주꾸미 머리로 만든 특별한 맛의 소금을 즐길 수 있습니다.

서해바다 주꾸미를 낼 때에는 플레이팅에 신경 씁니다. 매시트포테이토에 치자 가루를 섞어 샛노란색을 낸 후 접시 바닥에 깝니다. 서해 바다의 해 질 무렵 풍경을 떠오르게 하지요. 잘 구운 주꾸미와 부드럽게 익힌 키조개 관자, 살짝 구운 초리조를 올립니다. 접시 위에 핀 알록달록한 봄꽃 같은 요리입니다.

가끔은 주꾸미 다리 하나를 접시 위에 척 하니 걸치기도 합니다. 주꾸미가 가진 싱싱한 생명력을 표현하려는 것이니 너무 놀라지는 마세요. 봄바람과 함께 찾아오는 서해바다 주꾸미, 미학적 완성도가 높은 플레이팅이지만 맛도 놓치지 않았습니다.

Ingredients

주꾸미 6마리, 가리비 관자 4개, 초리조 슬라이스 5장, 올리브오일, 로즈메리, 소금, 후춧가루

매시트포테이토 으깬 감자 2개 분량, 올리브오일, 물 100ml, 치자 가루 ½Ts

Tip | 주꾸미와 관자는 익힐 때 한 번만 뒤집어야 연한 맛을 즐길 수 있어요.

Recipe

1. 팬에 으깬 감자와 올리브오일, 물, 치자 가루를 넣고 끓입니다.
2. 다른 팬에 올리브오일을 두르고 주꾸미를 빨판과 입 부분이 먼저 닿도록 해서 익힙니다.
3. 관자는 흰 막을 제거한 후 같은 팬의 기름이 없는 부분에서 굽다가 노릇해지면 뒤집고 불을 끈 후 여열로 굽습니다.
4. 초리조도 여열로 살짝 굽습니다.
5. 그릇에 매시트포테이토를 깔고 주꾸미와 관자를 올린 후 로즈메리, 소금, 후춧가루를 뿌려 완성합니다.

About Olive Oil

올리브오일 이야기

올리브오일은 조리를 할 때 달라붙지 않게 해주는
기능 이외에 엄청난 감칠맛과 영양을 더해줍니다.
올리브오일은 '주스 *Juice*'라고 생각해요. 한 생명체의
농축된 영양가와 맛을 모두 담아낸 주스 말이죠.
여러 종류의 올리브오일로 각각의 재료에 생명력을
더하는 일, 우리 요리사들의 사명 아닐까요?

East Sea Vongole Pasta

동해바다 봉골레파스타

조개를 넣은 봉골레파스타는 솔트에 오면 늘 맛볼 수 있는 메뉴입니다. 1년 내내 다양하게 나오는 조개를 계절에 맞게 사용하지요. 봄 메뉴에는 주로 바지락, 백합, 동죽 등의 조개를 사용합니다. 상황에 따라 키조개 관자를 넣기도 하고요. 봄은 조개가 가장 맛날 때입니다. 특히 5월에는 살이 통통하게 올라 꽉 찬, 쫄깃한 조개 맛을 즐길 수 있습니다.

조개 요리를 할 때마다 해감 때문에 고생하는 분들 많을 거예요. 요리책이나 요리 정보를 다루는 인터넷에서는 항상 똑같은 해감법을 이야기하곤 하죠. 하지만 저는 그 방법을 선호하지 않습니다. 조개를 물에 오랫동안 담가둔다고 해서 해감이 제대로 되진 않거든요. 진정한 조개 맛을 즐길 수 없게 되기도 해서 안타깝죠.

솔트에서는 조개를 이렇게 손질합니다. 우선 기본적으로 싱싱한 조개를 구입하기 위해 애씁니다. 조개를 사오면 제일 먼저 하는 일이 살아 있는 조개와 죽은 조개를 구분하는 것이죠. 싱싱하지 않은 조개는 이 상태에서 입을 벌리고 있을 확률이 높습니다. 이런 것들은 다 골라낸 후 남은 조개를 싱크대 벽면에 탁탁 세게 부딪혀가며 씻습니다. 조개는 본능적으로 자신을 보호하려 입을 더 꼬옥 다무는데, 성치 못한 조개들은 이때 깨지거나 입을 벌립니다. 이 과정을 통해 진짜 실한 조개만 골라내는 거죠. 깨끗하게 씻은 조개는 그릇에 담아 뚜껑을 덮지 않고 냉장고에 넣어두면 2~3일 동안 무리 없이 사용할 수 있습니다. 더 오래 살아 있게 만들어주는 거예요.

솔트의 동해바다 봉골레파스타는 4~5월 제철을 맞아 살이 꽉 찬 동해바다산 조개를 다양하게 사용합니다. 단맛과 짠맛 둘 다 강해 감칠맛이 최고조에 이른 바지락, 살이 연하고 담백하며 달큰한 맛이 일품인 조개의 여왕 백합, 감칠맛이 뛰어나 시원한 국물 맛을 신사하는 동죽 등이 주재료예요. 올리브오일을 듬뿍 넣고 마늘과 함께 조리한 동해바다 봉골레파스타는 최고의 조개 요리 중 하나입니다. 봉골레파스타는 집에서도 만들기 쉬운 파스타 요리이니 한번 시도해보는 건 어떨까요?

Ingredients

스파게티 면 110g, 생합 혹은 백합 2개, 동죽 15개, 바지락 15개, 마늘 2~3쪽, 대파 흰 부분 1대, 올리브오일, 면수 100ml, 화이트 와인, 파슬리

Tip | 조개에 오일이 코팅된 상태에서 면수를 부으면 조개 맛이 더욱 좋아집니다.

Recipe

1. 스파게티 면은 미리 삶은 뒤 면수는 따로 준비해둡니다. 마늘은 편으로 썰고 대파는 송송 썹니다.
2. 팬에 올리브오일을 두르고 마늘과 대파를 볶다가 해감한 조개를 넣고 볶습니다.
3. 면수를 부어 자박자박하게 끓이다가 화이트 와인을 넣고 뚜껑을 덮은 뒤 1분간 더 끓입니다.
4. 조개 입이 벌어지면 조개를 건져낸 후 육수만 더 끓입니다.
5. 육수가 걸쭉해지면 면과 올리브오일, 파슬리를 넣어 치대듯이 끓이다가 조개를 넣고 익혀 완성합니다.

Fried Spring Namul

봄나물튀김

한겨울을 견디고 올라온 파릇파릇한 풀들을 바라보며 계절의 변화를 느낍니다. 봄은 나물과 함께 찾아오죠. 산과 들에서 자란 봄나물은 향기도 진하고 맛도 좋아 요리하기에 가장 좋은 재료입니다. 흔히 봄나물은 삶아 무쳐 먹어야 한다고 생각하는 분들이 많아요. 하지만 저희의 생각은 조금 다릅니다. 이렇게 향기롭고 맛있는 봄나물을 그냥 삶아만 먹기에는 너무 아쉬운 거지요. 그래서 튀기기로 결정했습니다!!

솔트는 튀김 요리에 일가견이 있습니다. 다양한 재료를 이용해 여러 가지 방법으로 튀김옷 만들기를 고심해왔고, 오랜 도전 끝에 솔트만의 비법을 갖게 되었습니다. 채소, 생선, 고기 등 메인 재료에 따라 그에 알맞은 튀김옷 만들기 방법이 모두 다르다는 것을 깨달았고, 미세한 차이가 결과물에 큰 영향을 미친다는 것도 알았습니다. 예를 들어 닭을 튀길 때에도 부위별로 튀김옷을 다 달리합니다. 육질과 성분이 다르니 튀김옷도 그에 걸맞게 만들어야 하죠. 그 정도로 튀김옷은 민감하게 반응합니다. 튀김 요리의 핵심은 바삭함입니다. 튀긴 후 시간이 지나도 바삭함이 계속 유지된다면 최고의 튀김 요리라 하겠지요.

솔트는 튀김옷에 옥수수 전분을 기본으로 사용합니다. 물론 전분만 쓴다고 해서 되는 건 아니에요. 튀기는 메인 재료에 따라 전분, 밀가루 등의 곡물 가루를 적당한 비율에 맞춰 사용합니다. 물 대신 맥주를 넣기도 합니다. 그리고 재료에 따라 베이킹파우더나 슈거파우더 등 다양한 가루 재료를 사용합니다.

방풍나물과 우엉, 달래, 냉이, 두릅 등 다양한 제철 봄나물로 튀겨낸 솔트의 봄나물튀김은 시간이 오래 지나도 바삭함이 계속 유지됩니다. 맛있는 봄나물튀김에는 다른 게 필요 없습니다. 좋은 재료를 쓰고, 소금과 후춧가루로 간하면 끝! 바삭한 첫맛으로 시작하고 봄나물의 쌉싸름한 맛, 그리고 고소함으로 마무리하는 솔트의 봄나물튀김은 맥주 안주로도 최고입니다.

Ingredients

냉이 · 달래 · 방풍 등 봄나물 100g, 소금, 후춧가루

튀김옷 옥수수 전분 7Ts, 박력분 2Ts, 베이킹파우더 ½Ts, 맥주 100ml

Recipe

1. 봄나물을 끓는 물에 10초간 데친 후 건져냅니다.
2. 옥수수 전분과 박력분, 베이킹파우더, 맥주를 고루 섞어 튀김옷을 만듭니다.
3. 봄나물에 튀김옷을 살짝 입힌 후 180도 기름에 튀깁니다.
4. 튀긴 봄나물을 그릇에 담고 소금, 후춧가루를 뿌려 완성합니다.

About Cheese

치즈 이야기

조금만 넣어도 음식의 풍미를 확 높여주는
다양한 치즈들. 대기업 유러피안 치즈 수입사에서
고문으로 활약했을 만큼 치즈를 요리에 자주
사용합니다. 치즈는 맛을 업그레이드시키는
마법의 재료예요. 오랜 세월을 거친 발효 덕분에
지니게 된 시간의 맛을 재료에 더하는 거지요.
조리 시간이 짧은 요리일수록 좋은 치즈 사용이
필수인 이유, 아시겠지요?

Caesar Salad

시저샐러드

음식을 주문할 때 "샐러드는 뭐가 있어요?"라고 질문하는 분들이 종종 있습니다. 제가 해석하기에는 '푸른 채소가 메인으로 쓰인 메뉴'를 찾는 것 같습니다.

솔트는 다양한 샐러드 메뉴를 갖추고 있습니다. 부라타샐러드나 가지구이샐러드가 대표적이죠. 하지만 손님이 샐러드에 대해 물어올 때는 이런 음식보다는 푸른색이 지배적인 채소 샐러드를 의미합니다. 이를테면 볼륨감 잔뜩 살린 채소 위에 치킨과 크루통을 올리고 드레싱을 잔뜩 얹은 '시저샐러드' 같은 것들이요. 하지만 저는 이런 평범한 샐러드를 내고 싶지 않았습니다. 그래서 솔트만의 시저샐러드를 만들었고 '오늘은'이라는 수식어를 붙였습니다. 샐러드를 드실 거면 오늘의 샐러드는 이거다, 하는 의미를 담았죠.

로메인 상추는 봄과 가을에 가장 맛있습니다. 그래서 여름과 겨울에는 시저샐러드를 내지 않습니다. 한여름에는 왜? 하고 의아해하는 분들이 있을 텐데요. 한여름에는 상추가 타들어 가기 때문이죠.

저희는 절여둔 멸치에 달걀노른자와 올리브오일, 구운 마늘, 식초를 넣고 섞은 멸치 드레싱을 사용하는데요. 여기에 로메인 상추를 통으로 버무립니다. 질 좋은 유정란과 싱싱한 채소, 넘치게 가득 뿌리는 파르미지아노레지아노 치즈, 마지막으로 선드라이 토마토나 살라미 등을 툭툭 얹어 내는 솔트의 시저샐러드로 "오늘은 샐러드 뭐가 있나요?"라고 묻는 분께 드리는 솔트식 화답입니다.

Ingredients

로메인 1개, 살라미 5장, 파르미지아노레지아노 치즈 가루, 후춧가루

드레싱 멸치젓 1Ts, 다진 마늘 ½Ts, 발사믹비니거 1Ts, 디종머스터드 2Ts, 달걀노른자 1개, 올리브오일 200ml

Recipe

1. 멸치젓, 다진 마늘, 발사믹비니거, 디종머스터드, 달걀노른자, 올리브오일을 블렌더에 갈아 드레싱을 만듭니다.

2. 로메인에 드레싱을 속까지 골고루 묻힙니다.

3. 그릇에 담아 구운 살라미를 올리고 파르미지아노레지아노 치즈 가루, 후춧가루를 뿌려 완성합니다.

Roasted Octopus

문어구이

문어에는 개인적인 경험과 추억이 얽힌 분들이 많습니다. 경상도 지역에서는 제사나 잔치 때 문어가 빠지면 큰일나죠. 이탈리아에서도 문어는 다양한 방식으로 즐기는 중요한 식재료 중 하나입니다.

문어를 취급하는 식당은 저마다 고유의 문어 손질법이 있습니다. 어떻게 손질하면 부드러우면서도 쫄깃한 문어 특유의 식감을 살릴 수 있는지 노하우를 갖게 된 거죠. 저는 전통적인 문어 숙회 만드는 방법을 따라 해보았는데 이상하게 질기더라고요. 결국 또 저만의 비법을 찾아내는 수밖에 없었습니다. 이런저런 실험과 도전, 실패를 맛본 후 드디어 저만의 문어 손질법을 갖기까지 장장 4년이 걸렸습니다. 역시 뭐든 오래 하다 보면 해답을 찾을 수 있는 것 같아요.

저는 문어 머리를 살아 있을 때 제거합니다. 이후 24시간 급랭을 거쳐 삶아줍니다. 물은 최소한으로 붓고 각종 채소와 문어를 함께 넣어 푹 끓입니다. 문어 크기에 따라 시간도, 불 조절도 다 달라집니다. 채소와 함께 푹 삶은 문어를 꺼내 부위별로 자른 후 스테이크 굽듯이 굽습니다. 이렇게 하면 한결 부드러운 문어의 식감을 얻을 수 있어요.

문어구이를 낼 때 먼저 접시에 퓌레를 깝니다. 3~4월은 당근이 맛있는 철이라 당근 퓌레를 사용했습니다. 고구마가 맛있을 때에는 고구마를 사용하기도 하죠. 곁들임 채소로 적채를 올렸는데, 때에 따라 파가 올라가기도 합니다. 무슨 음식이든 제철에 난 재료로 만들어야 맛있다는 걸 매번 깨닫습니다. 고추는 빠지지 않고 올라갑니다. 선명한 붉은색의 비트는 식감과 미감 모두 만족시켜주는 효자 아이템입니다. 솔트에 오면 놀랍도록 부드러운 문어의 식감, 단 한번도 맛보지 못했던 문어를 경험할 것이라고 자신 있게 말씀드립니다.

Ingredients

돌문어 1마리, 비트 ½개, 다진 마늘 ¼Ts, 향신 채소, 올리브오일

당근 퓌레 당근 2개, 올리브오일, 소금, 면수 혹은 물 400ml

Recipe

1. 살아 있는 문어의 머리를 제거한 후 다리를 2개씩 잘라 일렬로 붙입니다.

2. 30분 후 문어를 겹치지 않게 담아 냉동실에서 24시간 급랭 후 향신 채소와 함께 끓는 물에 삶아냅니다.

3. 팬에 올리브오일을 두르고 다진 마늘을 볶다가 비트와 물 2Ts를 넣고 볶습니다.

4. 팬에 올리브오일을 두르고 잘게 자른 당근을 볶다가 소금으로 간하고 면수나 물을 넣고 계속 끓입니다.

5. 끓인 당근을 블렌더에 갈아 당근 퓌레를 만듭니다.

6. 팬에 올리브오일을 두르고 문어를 굽다가 노릇해지면 면수 혹은 물 1Ts을 넣고 익힙니다. 이렇게 하면 문어의 살이 촉촉해집니다.

7. 그릇에 당근 퓌레를 깔고 문어와 비트를 담아 완성합니다.

Fried Banana

바나나튀김

바나나튀김은 솔트의 디저트 가운데 초콜릿 브라우니와 함께 가장 인기 있는 메뉴입니다. 특히 가족 단위의 손님이 방문할 때 어린아이들이 가장 좋아하는 음식이기도 하죠. 바나나튀김은 클래식한 미국 음식으로, 특히 하와이나 남미에서 즐겨 먹습니다. 원래는 껍질이 파랗고 육질이 단단한 바나나 혹은 플랜틴*Plantain*을 사용하는데, 우리나라에서는 그런 바나나를 구하는 것이 쉽지 않아 노란색 바나나를 이용합니다.

솔트의 튀김 요리는 재료에 따라 튀김옷을 구성하는 재료와 비율이 각기 다르고 섞는 방식도 다 다릅니다. 바나나를 튀길 때에도 가장 적합한 튀김옷 구성비를 만들어냈죠. 튀김옷 입힌 바나나를 180도 기름에 재빨리 튀겨내는 것도 중요합니다. 거의 반죽만 익히는 수준이라고 해도 될 정도인데, 이렇게 하면 어디에서도 맛볼 수 없는 솔트만의 특제 바나나튀김이 탄생합니다.

플레이팅도 신경 씁니다. 접시에 치즈를 먼저 깐 후 그 위에 튀긴 바나나를 올리고, 그 자리에서 계피 스틱과 육두구를 뿌립니다. 저는 가루 형태로 되어 있는 계피는 잘 사용하지 않습니다. 어쩐지 먼지 맛이 나는 기분이랄까요. 그래서 솔트에서 사용하는 향신료는 스틱으로 구입해 음식 나가기 직전 강판에 갈아 뿌립니다. 그래야 향도 진하고 음식이 더 맛있게 느껴지거든요. 여기에 설탕과 소금을 살짝 뿌려 단맛을 강조하기도 합니다. 바나나튀김에 자두로 새콤달콤한 맛을 곁들이면 그야말로 끝판왕 디저트가 탄생합니다.

Ingredients

바나나 4개, 옥수수 전분 4Ts, 중력분 1Ts, 탄산수 100ml, 육두구, 계피 스틱, 초콜릿, 설탕, 소금

Recipe

1. 바나나는 먹기 좋은 크기로 썹니다.
2. 볼에 바나나와 옥수수 전분, 밀가루, 소금, 탄산수를 넣어 튀김옷을 만들고 바나나를 넣습니다.
3. 180도 기름에 반죽만 익을 정도로 살짝 튀깁니다.
4. 튀김에 계피 스틱과 육두구, 초콜릿을 갈아 올립니다.
5. 소금과 설탕을 뿌려 완성합니다.
6. 기호에 따라 마스카포네 치즈, 제철 과일을 곁들입니다.

JUSTINO'S
MADEIRA

BOAL

JUSTINO'S
MADEIRA

COLHEITA
TINTA NEGRA

1996

About
Madeira

MADEIRA

VINHO DA MADEIRA
DOCE · SWEET
Engarrafado por
0,05L℮   J. FARIA & FILHOS
FUNCHAL - MADEIRA
PRODUZIDO EM PORTUGAL

마데이라 이야기

마데이라는 포르투갈에 있는 작은 섬이에요. 이 섬에서
나오는 포도로 특별한 와인을 만들어내는데, 그 맛이
기가 막혀서 영국의 한 귀족은 자신을 마데이라통에 넣어
처형해달라는 말을 했을 정도지요.

마데이라 와인은 우연한 기회에 햇빛에 노출되어 산화된
와인을 맛보고 그 주조법이 전통처럼 이어져 내려오게 된
특이한 이력을 지니고 있어요. 달콤함과 신맛을 동시에
지니고 있어 신비로운 맛이에요. 제가 직접 가본 마데이라
섬도 이 세상이 아닌 듯한 신비스러움이 서려 있더라고요.
솔트에서 맛보는 마데이라 와인을 통해 독특한 맛을
느껴보시길 바랍니다.

Essay

솔트의 보물,
소금

소금이 들어가지 않은 음식, 상상할 수 있나요? 소금은 인류가 맛을 느끼게 하는 근원적인
성분입니다. 우리는 음식에 소금이 들어가야 맛있다고 느끼도록 진화해왔습니다. 소금을 먹지 않으면
인간은 생존할 수 없기 때문이죠.

인간의 문명 발달사를 살펴보면 소금을 얻기 위한 투쟁사라고 해도 과언이 아닙니다. 소금을 구할 수
있는 지역에서 문명이 시작되었고, 금보다 소금이 비쌀 정도로 귀한 대접을 받았으며, 소금을 얻는
자가 부를 획득해 권력의 최상층에 올랐지요.

이렇게 소금은 인간 문명에 절대적으로 필요한 존재였습니다. 따라서 인간은 소금이 없으면 살 수
없다는 것을 깨달았고 음식에도 소금이 들어가야 맛있다고 느끼도록 진화될 수밖에 없었습니다.

맛을 깨우는 소금

토마토나 익힌 감자를 먹을 때 소금을 뿌려 드시나요, 아니면 설탕을 뿌려 드시나요? 저는 소금에
한 표!입니다. 소금이 원재료의 성분을 끌어내 깊은 풍미를 느낄 수 있기 때문이죠. 생토마토를
슬라이스한 후 소금을 뿌리면 단백질 성분에 묶여 있던 풍미와 관련된 분자가 풀려나옵니다.
나트륨이 역할을 하는 겁니다. 그래서 소금 뿌린 토마토를 먹으면 토마토가 더 달고 맛있게
느껴집니다.

소금이 부리는 마술은 거의 무한대입니다. 우리가 흔히 먹는 식재료는 복잡한 구성 성분을 갖고
있는데, 이들 하나하나를 떼어내 맛을 보면 아예 맛이 안 나거나 맛이 나더라도 나쁜 맛이 날 확률이
높습니다. 그런데 이 나쁜 맛을 내는 성분이 나트륨과 결합하면 맛의 균형을 이루면서 우리가 먹었을
때 '맛있다'고 느끼게 합니다. 이른바 '간이 맞는다'라는 말이지요.

요리에 쓴맛이 날 때 설탕 대신 소금을 넣는 경우도 있습니다. 소금이 쓴맛을 잡아주는 역할을 하기
때문이죠. 단맛 나는 음식에 소금을 뿌리는 경우도 많습니다. 이때 소금은 단맛을 증폭시켜주는
역할을 합니다.

이렇게 소금을 제대로 활용하면 쓴맛을 최소화시키고, 단맛의 균형을 잡거나 더 달게 할 수 있으며,
맛의 풍미를 더합니다. 소금은 음식의 맛을 내는 데 가장 중요한 요소임에 틀림없습니다.

솔트의 소금 이야기

식당 이름을 '솔트'라고 지은 건 '다 계획이 있어서'입니다. 물론 그 계획은 여전히 현재 진행형이고요.
제가 처음 오픈한 식당 이름은 '쌀가게'였습니다. 갓 도정한 쌀로 밥을 지어 화제를 모았고, 손님들께
꽤 칭찬도 받았습니다.

제가 생각하는 요리의 기본 요소는 쌀, 소금, 물, 불 이렇게 네 가지였어요. 한국 식재료를 바탕으로
음식을 만들다 보니 쌀과 소금, 물과 불의 중요성은 상상 이상이었죠. 언젠가 식당을 열면
이 네 가지를 이용해 식당 이름을 지어야겠다고 혼자만의 계획을 세웠고, 그 계획의 첫 번째 실행이
바로 '쌀가게'였습니다.

쌀가게를 그만두고 두 번째 식당을 내면서 고민할 것도 없이 '솔트'라고 이름을 붙였습니다. 저는
솔트 문을 연 후 열심히 요리에 매달렸습니다. 요리할 때 소금이 없으면 아무 맛도 낼 수 없는 것처럼

솔트에서 내는 음식 하나하나가 손님들에게 진짜 필요한 음식으로 다가가기를 바랐던 거지요. 그와 동시에 '진짜 소금'을 찾기 위한 여정도 시작했습니다. 소금은 그 특성상 다양한 방식으로 식재료와 조우합니다. 제게 소금은 '어떤 음식에 얼마의 소금을 넣으면 된다' 이렇게 간단하게 정리할 수 있는 문제가 아니었습니다. 식재료의 물성이나 특성, 같은 식재료라도 계절과 산지의 변화에 따라 소금을 달리 사용해 최상의 맛을 이끌어낼 수 있었죠. 이때 질 좋은 소금을 사용하면 맛의 깊이는 더해졌습니다. 그래서 진짜 소금, 정말 좋은 우리나라의 천연 소금을 찾아야겠다고 마음먹었습니다.

8년 숙성된 토판염과의 인연

옛날이나 지금이나 여행을 무척 좋아합니다. 제게 여행은 맛집과 식당을 찾아 떠나는 미식 여행이기도 하고 좋은 산지에서 생산되는 신선한 재료를 찾아 떠나는 식재료 여행이기도 합니다. 그렇게 여행에서 얻은 영감과 식재료를 챙겨 솔트로 돌아와 궁리하다 보면 저만의 새로운 요리가 탄생하곤 했습니다.

사실 요리할 때 소금 페어링은 쉽지 않습니다. 특정한 식재료와 맞는 소금이 어떤 식재료와는 어울리지 않는 등 소금과 식재료의 궁합 찾기는 늘 풀기 어려운 숙제였습니다. 결국 수많은 실패와 경험 끝에 저만의 비기를 갖게 되었지만요.

지금으로부터 8년 전쯤, 남도 여행을 하면서 이곳에서 생산되는 소금과 처음 만났습니다. 신안은 소금 산지로 유명했고, 당연히 신안 증도의 명물인 태평염전에도 들르게 되었습니다. 그때 만난 태평염전 정구술 부장님께서 소금에 대한 많은 이야기를 들려주셨습니다. 저는 직접 물수레도 돌려보고, 소금 창고에도 가보며, 다양한 종류의 소금도 맛볼 수 있었습니다. 그때 제 입맛을 사로잡은 소금이 있어 솔트에서 사용하고 싶다고 말씀드렸더니 "이 소금은 가정집에서 2~3년간 두고두고 쓰는 제품으로 식당에서 사용하려면 한 달도 못 가 다 써버려 수지타산이 맞지 않는다"며 만류하셨습니다. 100g에 7만~8만원 하는 소금을 식당에서 쓴다고 하니 놀라는 건 당연했습니다. 하지만 저는 그 소금이 무척 마음에 들었습니다. 8년간 숙성한 토판염이었는데, 소고기 요리나 디저트와 페어링하면 잘 어울릴 것 같았습니다. 결국 그 소금을 구입해 솔트에서 사용하기 시작했습니다. 지금도 이곳 토판염은 소금이 결정적인 역할을 해야 하는 요리에서 항상 제 가치 이상을 발휘하는 고마운 식재료입니다.

제가 나름 눈썰미는 좀 있었던 듯합니다. 이 소금은 훗날 현대백화점에 입점해 프리미엄 소금으로 유명세를 얻게 됩니다. 저는 태평염전의 토판염 외에도 서너 가지 소금을 다양하게 사용하는데, 그때그때 상황에 맞게 적절히 구분해 쓰고 있습니다.

근대문화유산 제360호, 태평염전

KTX 광주송정역에서 차로 한 시간 남짓 달리면 신안 증도의 태평염전에 닿게 됩니다. 2015년 섬과 육지를 연결하는 연륙교가 완공되면서 오가는 길이 무척 편해졌습니다.

태평염전은 알면 알수록 이야깃거리가 쏟아져 나오는 염전입니다. 우선 태평염전 초입에 있는 소금박물관이 그렇습니다. 우리나라에서 소금 창고로는 유일한 석조 건축물로, 근대문화유산

제361호로 지정되었습니다. 1953년 한국전쟁이 끝난 후 실향민의 생계를 위해 처음 조성된 것이
태평염전의 시발점이었으며, 현재 국내 염전 가운데 단일 염전으로는 규모가 가장 큰 곳입니다.
여의도 면적의 두 배에 맞먹는 460만m²(약 140만 평)를 자랑하며, 이곳에서 생산되는 천일염은 연간
약 1만6000톤으로 우리나라 천일염 생산량의 상당부분을 차지하고 있죠.
태평염전이 자리한 증도는 천일염 생산에 최적의 조건을 갖춘 곳으로 평가받습니다. 한여름 뜨거운
태양빛과 쉬지 않고 불어오는 바람이 미네랄이 풍부한 천일염을 만들어낼 수 있었습니다. 더 의미가
깊은 건 증도와 태평염전이 아시아 최초 슬로시티, 유네스코 생물권 보전 지역, 람사르 습지 등으로
지정되었다는 사실입니다. 천혜의 생태 환경을 지니고 있고, 이를 잘 유지 보전하고 있는 지역에만
헌사하는 귀한 타이틀을 세 개나 거머쥐고 있는 것이죠. 그만큼 태평염전에서 생산되는 천일염은
오염이 덜한 깨끗한 소금이라고 말씀드릴 수 있습니다.

바다, 소금의 근원

소금의 시작, 그 근원은 바다입니다. 지금 소금 산이나 소금 사막으로 불리는 곳도 원래는
바다였습니다. 지구가 거대한 지각 변동을 일으켜 바다가 육지가 되면서 소금 산이나 소금 사막이
만들어졌고, 이곳에서 생산되는 소금은 돌처럼 딱딱해 '암염'이라는 이름을 얻었습니다. 암염은
세계적으로 생산량이 가장 많아 미국과 유럽을 비롯해 많은 나라에서 식용으로 사용하고 있습니다.
천일염은 지금 현재, 바다인 곳에서 만들어진 소금입니다. 바닷물을 막아 햇빛과 바람으로 증발시켜

얻은 소금을 천일염이라고 부르는데, 특히 갯벌에서 생산된 천일염은 미네랄이 풍부한 것으로
유명합니다. 각종 미네랄이 함유된 천일염으로 음식을 만들면 기대 이상의 깊은 풍미를 느낄 수 있죠.
태평염전에서 일하는 분들은 염전에서 맨 처음 수확하는 소금을 '꽃소금'이라 부르며 귀하게
여기는데요. 이 소금은 염도가 67% 내외로, 일종의 플뢰르 드 셀Fleur de Sel이라고 보면 됩니다.
우리가 흔히 쓰는 정제염인 꽃소금과는 전혀 다른 종류의 소금으로, 아무 때나 얻을 수 없는 귀한
소금이지요. 진짜 꽃소금 몇 알갱이를 입안에 넣어 혀끝으로 녹이면 진한 바다 맛이 느껴집니다.
요리하는 사람에게는 바로 이런 소금이 최고의 소금이 아닐까 합니다.

소금 만드는 장인이 들려주는 현실 소금 이야기

태평염전에서 두 분의 소금 장인을 만났습니다. "나는 태생이 염부요!"라고 일갈하신 박형기 장인,
그리고 김원대 장인입니다. 박형기 장인은 할아버지와 아버지 모두 염부였고, 본인도 열일곱 살
때부터 이 일을 시작했습니다. 평생을 소금 만드는 일에 매달려왔으니 소금에 관한 한 따라올 사람이
없는 전문가입니다.

깊게 팬 주름과 상처투성이 손을 바라보며 이분들이 얼마나 치열하게 사셨는지 상상해보았습니다.
매일 소금밭에 나가 일하기를 50여 년, 소금과 이분들의 인생은 떼려야 뗄 수 없겠지요. 며칠 밤을
새워도 모자라지 않을 소금 이야기보따리가 끊이지 않고 나왔습니다. 신안 천일염 생산 방식이
어떻게 진화해왔는지, 사람들의 입맛 변화에 따라 소금 수요는 어떻게 변해왔는지, 또 요리할 때
소금이 어떤 역할을 하며 국내 천일염이 얼마나 좋은 소금인지, 또 진짜 좋은 소금은 어떤 소금인지
등등 대화 소재는 무궁무진했습니다.

그러나 이분들이 가장 오랫동안 들려준 이야기는 보다 현실적인 문제였습니다. 현재 중국에서
엄청나게 많은 양의 소금을 수입하는데 그 소금이 신안 천일염으로 둔갑해 판매된다는 것이죠.
중국산 소금을 신안 천일염으로 알고 소비하는 분들이 많다니 통탄할 노릇입니다. 여기에 일본
후쿠시마 방사능 오염수 방류 결정이 나면서 바다가 오염되기 전에 천일염을 미리 사두려는 현상이
이어져 값이 폭등했습니다. 당장이야 손에 쥐는 돈이 많아지겠지만, 길게 보면 경쟁력이 떨어질
수밖에 없는 요인이라 걱정이 크다고 하십니다.

신안 천일염이 갖고 있는 장점은 너무나 막강합니다. 오염 없는 환경에서 염전 소금을 생산하기란
쉬운 일이 아닌데 이곳은 그게 가능합니다. 또한 좋은 생산 환경을 갖추기 위한 막대한 투자도
이루어지고 있습니다. 기술과 기계의 발전에 힘입어 천일염 품질이 더 높아질 것이라는 기대가
가능한 대목입니다. 신안 증도 태평염전에서 만난 두 분의 소금 장인에게서 진짜 소금의 매력에 눈뜰
수 있었습니다. 이분들이야말로 자연을 요리해 인류를 구원하는 진짜 요리사들이 아닐까요?

Part 2
Summer in Salt

솔트의 여름

Roasted Eggplant

가지구이

우리나라에서도 가지 요리를 즐겨 먹습니다. 예전부터 가지를 찜기에 쪄서 나물처럼 무쳐 먹는 것에 익숙하죠. 이렇게 먹어도 맛있지만 저는 가지의 식감이 너무 뭉글뭉글해지는 게 마음에 걸렸습니다. 솔트표 이탈리아식 가지구이는 식당 오픈 때부터 만들어왔으니 무려 10년의 업력을 바탕으로 완성된 요리라고 보면 됩니다. 처음에는 가지를 발사믹 식초에 재워 구웠는데, 지금은 올리브오일에 재워 사용한다는 게 다른 점이죠.

가지와 페타 치즈, 애플민트 이 세 가지 재료를 사용합니다. 그래서 별칭이 가지 삼합입니다. 한입에 이 세 가지 재료를 털어 넣어야 그 맛의 매력을 느낄 수 있어요. 가지는 스테이크처럼 구워 아삭아삭한 식감으로 즐길 수 있는데, 워낙 즙이 많다 보니 주이시한 가지와 녹진한 페타 치즈가 환상적인 궁합을 보여줍니다. 여기에 민트의 상큼함과 향긋함이 화룡점정으로 맛을 더하죠.

손님상에 이 요리를 내면 실수로 민트를 쏟아서 갖고 나온 줄 알아요. 허브는 주로 장식으로만 쓴다고 생각하신 거죠. 민트를 이렇게 본격 요리에 넣어 먹는 일은 흔치 않은데 솔트는 그걸 합니다. 대신 애플민트를 씁니다. 일반 민트에 비해 좀 더 보드랍고 달콤한 향이 나는데, 특유의 꽃향기가 가지의 풋풋한 과일 향과 멋진 조화를 이뤄내거든요.

저희가 사용하는 민트는 솔트에서 직접 기릅니다. 여름에는 허브를 키워요. 식당에 오시면 루콜라, 바질, 민트 화분을 볼 수 있을 거예요. 식당 앞에서 햇빛 받고 자란 허브를 따서 요리에 사용합니다. 가장 신선한 재료를 사용하고 싶은 마음, 그게 요리하는 사람의 본능이라고 생각합니다.

Ingredients

가지 3개, 꿀 1Ts, 페타 치즈 30g,
애플민트 잎 20장, 올리브오일, 소금, 후춧가루

Tip | 자른 면이 노릇하게 구워진 후 뒤집어 구우면 면에 닿았던 오일이 껍질까지 내려오면서 자연스럽게 찜처럼 부드러워집니다.

Recipe

1. 가지를 반으로 자른 뒤 자른 면에 십자 칼집을 냅니다.
2. 팬에 올리브오일을 두른 후 가지 자른 면이 아래를 향하도록 올리고 천천히 노릇하게 굽습니다.
3. 노릇해지면 가지를 뒤집은 후 다닥다닥 붙여 놓고 굽습니다.
4. 거의 익어가면 소금, 후춧가루로 간하고 꿀, 페타 치즈, 애플 민트 잎을 올려 완성합니다.

Calamari Sundae with Minari Salad

한치순대 미나리무침

이 메뉴에는 영화 같은 사연이 숨어 있습니다. 물론 영화 〈미나리〉와도 관련이 있고요.

미리 구입해놓은 달고기가 코로나19로 인해 많이 남았습니다. 어떻게 처리할까 궁리하던 끝에 솔트의 셰프들에게 미션으로 넘겼습니다. 이제 솔트 셰프들의 경력도 5년이 넘었으니 믿고 맡겨도 괜찮겠다는 판단이 들었던 거지요. '창수' 셰프가 개발한 이 메뉴는 염장한 대구로 만드는 포르투갈의 대표 요리 바칼라우*Bacalhau*에서 영감을 얻었습니다.

남해안에서 올라온 달고기를 소금에 절여 감자 크림에 버무린 뒤 한치 뱃속에 꽉꽉 채웠고, 까나리액젓 드레싱에 버무린 미나리를 곁들였습니다. 미나리의 산뜻하고 화사한 맛과 한치순대가 잘 어우러졌어요. 서빙할 때 직접 한치를 썰어드리는데, 뱃속에서 내용물이 콸콸 터져 나오는 모습이 임팩트가 강해 '말잇못' 손님들이 제법 있었습니다.

이때만 해도 영화 〈미나리〉가 이렇게 유명해질지, 배우 윤여정 님이 오스카 여우조연상을 받을지는 전혀 상상하지 못한 시절이었습니다. 수상 낭보가 전해진 후 솔트에서 펼쳐졌을 장면이 예상되시나요? 한 마디로 난리가 났습니다. 약간 과장을 보태면, 당시 솔트에 오신 거의 모든 분이 이 메뉴를 주문하셨습니다.

솔트의 한치순대 미나리무침을 떠올리면 영화 〈기생충〉 속 송강호 님의 '참으로 시의적절하다'라는 대사와 오버랩됩니다.

Ingredients

달고기 2마리(6쪽), 한치 1마리, 감자 1개, 다진 마늘 ¼Ts, 올리브오일, 다진 초리조 1Ts, 우유 100ml, 미나리, 문어소금, 소금(꽃소금, 천일염), 후춧가루

까나리액젓 드레싱 간장 2Ts, 까나리액젓 2Ts, 설탕 2Ts, 식초 2Ts, 청주 1Ts, 올리브오일 1Ts, 참기름 1Ts, 후춧가루

Tip 달고기는 하루 이상 절이면 딱딱해지기 때문에 주의하세요. 달고기를 구입하기 어렵다면 동태로 대신해도 좋습니다.

Recipe

1. 달고기는 소금에 묻어 냉장고에서 24시간 이상 절인 후 물에 씻습니다.
2. 한치는 손질한 후 다리와 몸통을 밀가루로 닦습니다.
3. 절인 달고기와 다진 마늘, 올리브오일과 섞은 삶은 감자를 함께 볶습니다.
4. 팬에 다진 초리조를 볶은 후 **3**의 달고기와 섞습니다.
5. 우유와 후춧가루를 넣고 섞습니다.
6. 만든 속을 한치 안에 채우고 이쑤시개로 막은 뒤 달군 팬에서 살짝 지져 앞뒤로 색깔을 냅니다.
7. 200도로 예열한 오븐에서 5분간 익힙니다.
8. 드레싱 재료를 고루 섞어 송송 썬 미나리 대와 잎을 무칩니다.
9. 미나리를 바닥에 깐 후 한치순대를 올리고 문어소금을 뿌려 완성합니다.

Tomato Cheese Pasta

토마토치즈파스타

저는 우리가 만든 토마토소스가 제일 맛있습니다. 토마토 파스타를 만들 때 가장 신경 쓰는 부분은 '토마토소스는 그냥 토마토소스 맛이 많이 나면 된다'예요. 토마토소스에서 브로콜리나 베이컨 등 부재료의 맛이 강하게 나는 것을 경계합니다. 맛있는 토마토 파스타는 토마토 맛 본연에 충실한 소스만 있으면 된다는 믿음 하나로, '진짜 토마토소스' 만들기에 매달려왔습니다.

토마토 맛이 많이 날 수 있게 다양한 방법을 시도해보았습니다. 품종과 계절별로 맛이 달라지는 토마토를 이리저리 섞어 써보던 중 이탈리아 토마토 한 종류만 사용했을 때 원하는 맛이 난다는 것을 알게 되었어요. 한국에서 토마토가 많이 나는 한여름에는 다른 종류의 토마토를 섞기도 하지만 평소에는 이탈리아 토마토만 사용합니다.

토마토 외에 들어가는 재료는 최소화합니다. 양파, 마늘, 셀러리, 어떤 때는 셀러리 대신 파 속대를 넣어 향을 내기도 하고요. 토마토는 절대 갈아서 사용하지 않아요. 오래 뭉근히 끓이면서 주걱으로 으깨면 다 부서지기 때문에, 약간 터프하면서도 자연스러운 느낌의 토마토소스를 만들 수 있습니다. 향이 좋은 올리브오일을 사용하고, 소금과 후추로 간하면 비법이랄 게 따로 없습니다.

저희는 심플토마토치즈파스타를 줄여 '심토치파'라고 부릅니다. 단순하고 간결한 맛, 어느 재료 하나 튀지 않고 자연스럽게 어우러지는 음식이죠. 살짝 녹은 부라타 치즈를 올려 풍성함을 더했습니다. 저에게는 세상에서 가장 맛있는 토마토치즈파스타입니다.

Ingredients

리가토니 면 110g, 토마토소스 200g,
부라타 치즈, 파슬리, 올리브오일, 소금, 후춧가루

토마토소스 제철 토마토 1개,
홀토마토캔(이탈리안 레드볼드) 500g,
다진 셀러리 2Ts, 다진 양파 4Ts, 다진 마늘 1Ts,
면수 100ml, 로즈메리, 타임, 올리브오일, 소금

Recipe

1. 리가토니 면은 삶은 뒤 면수를 따로 준비해둡니다.
2. 토마토는 끓는 물에 살짝 데쳐 껍질을 벗깁니다.
3. 다진 셀러리, 다진 양파, 다진 마늘을 올리브오일에 볶다 데친 토마토와 홀토마토를 넣고 끓입니다.
4. 소금으로 간한 뒤 로즈메리와 타임을 넣고 끓입니다.
5. 면수와 올리브오일 2Ts을 넣고 끓입니다.
6. 토마토소스가 끓으면 삶은 면을 넣고 소금, 후춧가루로 간한 뒤 올리브오일을 넣어 치대면서 익힙니다.
7. 부라타 치즈와 파슬리, 후춧가루, 올리브오일을 뿌려 완성합니다.

Tomato Caprese

토마토카프레제

개인적으로 부라타를 너무 좋아해 커다란 부라타 치즈 덩어리를 두 개나 올린 샐러드를 만들었습니다. 부라타 하나 빼고 가격을 내리라고 하신 분이 계셨을 정도로 샐러드계의 사치 끝판왕이라고 할까요?

치즈는 상황에 따라 부라타 대신 버팔로 모차렐라가 올라갈 때도 있습니다. 토마토가 맛있을 때는 껍질을 벗겨 함께 내는데, 치즈와 어우러지는 부드러운 토마토의 맛이 정말 매력적이죠. 아마도 이런 점이 카프레제 샐러드가 대중적인 인기를 얻게 된 요인이겠죠.

이번에는 토마토와 함께 계절 과일을 사용했습니다. 늦봄이라 토마토가 맛이 없거든요. 평소에는 대저토마토를 주로 사용하는데 이번에는 오렌지, 딸기, 블루베리 등의 과일로 화려하게 구성했습니다. 보기만 해도 기분이 좋아지는 멋진 플레이팅이 되었네요.

한여름은 토마토가 다시 맛있어지는 계절입니다. 이때는 토마토카프레제를 맛보실 수 있을 겁니다. 솔트는 1년 내내 똑같은 재료를 사용하지 않습니다. 재료가 가장 맛있는 제철에 집중하죠. 10월과 11월에는 무화과가 맛있는 계절이니, 무화과 샐러드로 맛보실 수 있을 거예요.

샐러드는 메인 재료를 충실히 선택하면 따로 요리할 것이 없습니다. 맛있는 소금, 향이 좋은 후추만 뿌리면 끝이죠. '샐러드가 맛있어봐야 거기서 거기지 뭐' 하시던 분들도 한입 먹어보면 '와' 하고 탄성을 내지릅니다.

저희는 히말라야 핑크 솔트를 대패로 갈아 씁니다. 얇지만 면적이 넓어진 소금 입자가 입안에서 셔벗처럼 사르르 녹아내리죠. 이 순간을 함께 즐겨보세요.

Ingredients

토마토 1개,
딸기 · 오렌지 · 블루베리 등 제철 과일 적당량,
부라타 치즈 100g, 올리브오일, 소금, 후춧가루

Recipe

1. 토마토는 끓는 물에 살짝 데쳐 껍질을 벗깁니다.
2. 딸기와 한라봉, 블루베리, 토마토를 소금, 후춧가루, 올리브오일에 버무립니다.
3. 부라타 치즈를 올려 완성합니다.

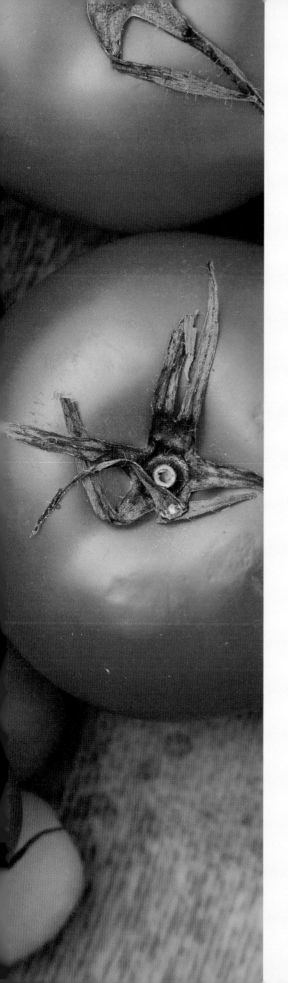

About Tomato

토마토 이야기

지금은 솔트에서 토마토가 안 보이면 서운할 정도로 토마토를 많은 요리에 활용하지만 제가 어릴 적에는 토마토를 그렇게 좋아하지 않았어요. 설탕을 뿌린 달짝지근한 토마토를 먹고 싶었지만 늘 건강식을 챙기는 어머니는 꼭 밍숭맹숭한 토마토를 주곤 하셨어요. 그렇게 토마토는 저의 취향에 안 맞는 재료다 생각하고 잊고 지내다가 어느 날 토마토 농장에서 완벽하게 완숙이 된 토마토를 처음 맛보고 그 생각이 완전히 뒤바뀌었답니다. 우리가 식탁에서 흔히 먹는 토마토는 생각보다 덜 자란 토마토라는 것을 그때 맛을 보고 알게 되었어요. 그래서 가능하면 빨갛게 잘 익은 완숙 토마토를 사용하거나 이탈리아에서 온 홀토마토 통조림을 요리에 많이 활용합니다. 조금 무르고 못생기더라도 재료 본연이 가진 맛을 그대로 전달하는 것, 그것이 솔트에서 제가 해야 할 중요한 일인 것 같아요.

Avalone with Anchovy Sauce

동전복구이와 멸치소스

여름에 보양식으로 전복 많이 드시죠? 하지만 전복의 제철은 여름이 아닙니다. 전복이 가장 맛있을 때는 겨울이죠. 4월부터 다시마를 먹고 자라는 전복은 본격적으로 찬바람이 불어야 그 맛이 최고조에 달합니다. 여름에 가장 맛이 덜한 전복으로 어떤 요리를 할 수 있을까 궁리하다 마늘 양념을 해서 구워보았습니다. 여름 전복의 부족한 맛을 마늘이 채워주니 한여름 보양식으로도 손색없겠다는 생각이 들었거든요.

솔트의 동전복구이에는 크기가 작은 2년 미만의 전복을 사용합니다. 동전복은 전복 크기가 동전만 하다는 뜻과 한자로 어릴 동童 자를 써서 어린 전복이라는 뜻, 두 가지를 모두 담고 있습니다. 솔트 셰프가 지은 이름인데 신박하지요?

어린 전복을 쓰는 이유는 다양하지만 한입에 쏙 넣어 먹을 수 있다는 게 가장 중요한 부분이었습니다. 이 요리는 전복을 통으로 구운 후 껍질에 다시 올려 손님상에 내는데, 따로 썰어 먹기가 어렵거든요. 그래서 작은 사이즈가 유리합니다. 또 어린 전복은 살이 연하고 부드럽기 때문에 한입에 넣고 씹어도 부담감이 덜합니다. 한입 가득 씹히는 풍성함으로 인해 전복구이가 더 맛있게 느껴지기도 하니 동전복이 딱이었지요.

마늘 양념을 해서 전복을 굽지만 전복 자체가 워낙 담백하니 여기에 감칠맛을 더해줄 방법도 찾아야 했습니다. 그렇게 해서 개발한 것이 멸치소스예요. 멸치소스는 봄철에 멸치 손질하고 남은 것들을 소금 뿌려 보관해두었다 사용합니다. 일종의 솔트 멸치액젓이라고 보면 되는데요. 이 멸치액젓에 올리브오일과 마늘을 넣고 푹 끓여내 동전복구이 소스로 응용했습니다. 소스가 짜니 전복을 살짝 찍어 드셔야 합니다. 처음부터 전복 위에 다 뿌리면 너무 짤 수 있으니 주의해야 합니다.

Ingredients

전복 마리네이드 작은 전복 20마리, 다진 마늘 3Ts, 올리브오일 6Ts, 레몬, 허브

멸치소스 멸치젓 2Ts, 다진 마늘 1Ts, 올리브오일 4Ts

Recipe 멸치소스(한국식)

1. 멸치젓과 다진 마늘, 올리브오일을 함께 끓인 뒤 블렌더에 갑니다.

Recipe 동전복구이

1. 전복은 이와 껍데기와 내장을 제거한 후 다진 마늘과 올리브오일에 진공 포장해 24시간 숙성합니다.

2. 팬에 구운 후 껍데기에 올리고 레몬, 허브로 장식해 완성합니다.

Roasted Watermelon and Chorizo

모양만 봐서는 '대체 이 음식이 무엇일까?' 하는 궁금증이 느껴집니다. 어떤 분들은 접시를 받아들고 "참치인가요?" 하고 묻기도 합니다. 이 메뉴는 기름 두른 팬에 수박을 충분히 익힌 후 초리조를 곁들여 내는 음식입니다. 과일을 사용했으니 디저트일 거라고 생각하시겠지만 수박구이는 애피타이저 메뉴입니다. 식사 전에 입맛을 돋우는 역할을 하지요. 겉모양으로는 추측하기 힘들지만 한번 맛을 보면 "와, 수박에서 이런 맛이 나는구나" 하고 깜짝 놀라기도 하는 요리입니다.

수박구이와 초리조구이

저는 과일을 구워 사용하는 것을 좋아합니다. 서양에서는 구운 과일 요리가 상당히 많습니다. 그래서 저도 살구, 포도, 복숭아 등 다양한 과일을 구웠고 그 맛이 나쁘지 않았습니다. 과일은 구우면 단맛이 더 강해지는 속성이 있는데 구운 수박에서는 신기하게도 고기 맛이 났습니다. 팬에서 구울 때에도 수박에서 지글거리며 연기가 치솟는데, 마치 고기 구울 때의 냄새, 연기와 흡사해 깜짝 놀랍니다.

팬에 기름을 두른 후 수박이 타지 않게 굽는 것이 중요하고요. 전체적으로 색깔이 약간 투명해지면서 표면이 살짝 검붉어질 때까지 굽습니다. 그러면 달고도 고소한 수박구이가 완성되지요. 여기에 초리조를 살짝 구워내 곁들이면 짭조름한 초리조와 달콤한 수박, 두 재료의 서로 다른 식감이 섞이면서 조화를 이뤄냅니다.

Ingredients

수박 4~5쪽, 올리브오일 2Ts,
초리조 슬라이스 5장, 페타 치즈 30g, 꿀 1Ts,
발사믹식초 ½Ts, 허브

Recipe

1. 수박은 길게 잘라 올리브오일을 두른 팬에 앞뒤로 노릇하게 굽습니다.

2. 같은 팬에 초리조를 여열로 굽습니다.

3. 그릇에 수박과 초리조를 담은 후 페타 치즈와 꿀, 디글레이즈한 발사믹식초를 뿌립니다.

4. 허브를 뿌려 완성합니다.

Basil Pesto Cream Pasta

바질페스토크림파스타

바질은 허브 중에서도 여름에 가장 잘 어울립니다. 뜨거운 햇빛 아래 싱싱하게 잘 자란 바질을 손질할 때면 그 향기에 넋이 나갈 정도죠. 허브는 대부분 매력적인 향기를 지니고 있지만 바질만큼은 누가 뭐래도 한여름에 그 맛과 향기가 최고조에 달합니다. 이 시즌에 바질 페스토를 만들어두면 파스타나 샐러드 등에 유용하게 쓸 수 있습니다.

바질 페스토를 만들 때에는 잣과 파르미지아노레지아노 치즈, 올리브오일, 마늘 등의 재료가 필요합니다. 가평 잣과 의성 마늘을 사용하고 바질은 스위트 바질을 씁니다. 어떤 분들은 타이 바질을 사용하기도 하는데, 타이 바질은 매운맛을 지녀서 전혀 다른 풍미가 생기지요. 잣은 꼭 구워 사용해야 합니다. 올리브오일을 제외한 나머지 재료를 모두 넣고 푸드프로세서에 간 후 올리브오일을 조금씩 넣어가며 잘 섞습니다. 마지막으로 레몬즙과 소금을 살짝 넣으면 더 맛있는 바질 페스토를 만들 수 있습니다.

흔히 파스타를 만들 때에는 면을 삶은 후 팬에 넣어 소스와 함께 볶는데요. 바질페스토크림파스타는 면을 삶은 후 볶지 않고 페스토를 넣어 비비는 수준으로 만듭니다. 비빔국수처럼요. 그래야 신선한 페스토 향과 맛을 즐길 수 있습니다.

Ingredients

링귀니 면 110g, 바질 페스토 150g, 생크림 100ml, 레몬 제스트 또는 레몬 오일, 소금, 후춧가루

바질 페스토 바질 500g, 가평 잣 2컵, 파르미지아노레지아노 치즈 2컵, 마늘 60g, 소금 1ts, 올리브오일 400ml

Recipe

1. 바질과 잣, 파르미지아노레지아노 치즈, 마늘, 소금을 푸드프로세서로 갑니다.

2. 모든 재료가 갈리면 올리브오일을 소량씩 넣으면서 섞습니다.

3. 면은 삶아 물기를 제거하고 올리브오일과 버무린 뒤 김이 남아 있는 상태에서 바질 페스토와 생크림을 섞습니다.

4. 레몬 제스트나 레몬 오일을 뿌린 후 소금, 후춧가루, 구운 잣, 치즈를 넣어 완성합니다.

Herb Foccaccia

허브포카치아

여름에는 햇밀가루가 나오기 시작합니다. 신선한 밀가루에 솔트에서 직접 기른 허브를 듬뿍 뿌려서 만든 포카치아. 포카치아는 비교적 만들기 쉬운 발효빵 중 하나입니다. 그래서 언제든지 필요할 때마다 만들어 손님상에 내지요.

제가 이 빵을 좋아하는 이유는 올리브오일이 듬뿍 들어가기 때문입니다. 올리브오일은 국내에서 생산되지 않으니 이탈리아에서 공수하는데, 신기한 건 이 올리브오일의 맛에 따라 빵 맛이 완전히 달라진다는 겁니다. 먹을 때마다 이번에는 또 어떤 올리브오일 맛이 날까 하며 음미하는 것도 쏠쏠한 재미입니다. 솔트에서는 여러 종류의 올리브오일을 섞어 사용하기도 합니다. 그러면 포카치아 맛이 한결 풍성해지지요. 간은 프랑스산 게랑드 소금으로 합니다.

포카치아에 파르미지아노레지아노 치즈 가루를 풍성하게 뿌린 후 빵을 찍어 먹을 수 있는 소스와 함께 냅니다. 소스는 올리브오일에 발사믹식초를 살짝 뿌린 것인데요. 여기에 통마늘을 함께 곁들입니다. 마늘은 손님께서 직접 테이블에서 갈아 드실 수 있습니다. 맵지 않냐구요? 향이 기가 막히지요.

Ingredients

이스트 30g, 박력분 600g, 호밀가루 200g,
소금 20g, 올리브오일 200ml, 따뜻한 물 600ml,
파르미지아노레지아노 치즈 가루 ½컵, 허브

디핑 소스 마늘 2쪽, 올리브오일 2Ts,
발사믹식초 1Ts

Recipe

1. 이스트에 따뜻한 물을 소량 넣고 불립니다.

2. 박력분에 호밀가루와 소금을 섞은 후 발효된 이스트를 넣고 섞습니다

3. 섞은 반죽에 올리브오일과 따뜻한 물을 넣고 치댄 후 랩에 싸서 2시간 정도 발효합니다.

4. 발효된 반죽에 손으로 구멍을 낸 후 허브와 오일을 넣고 180도 오븐에서 25분간 구운 다음 불을 끈 상태에서 10분간 뜸을 들입니다.

5. 구운 빵 위에 파르미지아노레지아노 치즈 가루와 허브를 뿌립니다.

6. 마늘을 갈아 올리브오일과 발사믹식초를 섞은 디핑 소스에 찍어 먹습니다.

Avalone Risotto

전복내장리조또

여름 전복은 내장을 많이 사용해 요리합니다. 여름 전복이 겨울 전복에 비해 맛이 덜하기 때문인데요. 전복을 세 마리 정도 사용하고 거기에서 나오는 내장은 모두 넣어 리조또를 만듭니다. 전복살은 구워 맨 마지막에 올리고요. 전복은 크기에 따라 10미, 5미 등으로 구분합니다. 1kg에 열 마리 들어가는 것을 10미라고 합니다. 솔트의 전복내장리조또는 10미 전복을 사용하는데 1인분에 3~4마리 들어가죠. 참고로 전복 스테이크를 할 때는 5미를 사용하고요. 동전복처럼 어린 전복을 쓸 때는 30미를 사용합니다.

리조또는 잘 다진 전복 내장과 쌀, 마늘, 올리브오일을 함께 넣어 볶는데요. 중간에 면수를 추가하면서 쌀이 익을 때까지 계속 볶습니다. 쌀이 익은 정도는 개인의 기호에 따라 다르지만, 이탈리아에서는 쌀의 식감이 살아 있는 상태의 리조또를 즐깁니다. 사용하는 쌀 품종도 우리나라 쌀과는 많이 다르고요. 그런데 우리나라에서 이렇게 조리하면 쌀이 덜 익었다고 불편함을 호소하는 분이 많으세요. 제아무리 이탈리아 정통 리조또라고 해도 쌀은 푹 익어 퍼져야 먹을 만하다고 여기시는 거죠. 그래서 저는 리조또를 할 때 오분도미를 사용합니다. 오분도미를 사용하면 쌀은 푹 익어도 톡톡 씹히는 질감이 살아 있어서 리조또용으로 딱이거든요.

리조또가 완성되면 소금과 후춧가루로 간을 하고 올리브오일 토핑, 마지막으로 페페론치노를 넣어 마무리합니다. 전복내장리조또 한 그릇 먹고 나면 여름 보양식 한 그릇 뚝딱 한 것 같은 만족감을 느끼실 수 있을 겁니다.

Ingredients

전복(10미 사이즈) 3마리, 다진 셀러리 1Ts,
다진 양파 1Ts, 다진 마늘 ½Ts, 오분도미 150g,
물 100ml, 파르미지아노레지아노 치즈 가루,
올리브오일, 참기름, 소금, 후춧가루

Tip 오분도미는 쌀 껍질의 절반만 깎아 만든
쌀입니다. 쌀 껍질의 영양소는 대부분 살아
있으면서 이탈리아 본토에서 먹는 리조또
식감이 나서 솔트에서 즐겨 사용합니다.

Recipe

1. 전복은 살과 내장을 분리하고 살 부분은 입을 잘라냅니다.
2. 달군 팬에 올리브오일을 두른 뒤 다진 셀러리와 다진 양파, 다진 마늘을 볶습니다.
3. 오분도미를 넣고 전복 내장을 더해가면서 5분간 천천히 볶습니다.
4. 물을 넣고 끓이면서 소금과 후춧가루로 간을 합니다.
5. 쌀이 다 익으면 접시에 담아냅니다.
6. 손질한 전복살은 칼집을 넣고 살짝 구운 뒤 리조또에 얹고 파르미지아노레지아노 치즈 가루와 소금, 후춧가루, 참기름을 뿌려 마무리합니다.

Mashed Summer Potato and Corn

여름 감자로 만든
매시트포테이토와 옥수수

6월과 7월은 맛있는 햇감자가 나오는 시즌이라 올해는 또 어떤 감자 요리를 할까 상상하는 재미가 있습니다. 우리네 어르신들은 맛있는 여름 감자를 하지 감자라 부르며 찌거나 볶거나 삶는 등 다양한 방법으로 요리해 드셨죠. 그만큼 여름 감자가 맛있다는 의미일 겁니다.

저는 여름에 수미 감자를 주로 사용합니다. 수미 감자는 삶아서 툭 건드리면 쫙 갈라지면서 분이 엄청 많이 나옵니다. 포실포실하면서 보드라운 맛을 선사하며, 매시트포테이토를 만들어 먹기에 정말 좋습니다. 어떤 분들은 찰진 감자를 선호하는데, 매시트포테이토를 만들면 죽처럼 되기 때문에 적합한 품종은 아닙니다. 매시트포테이토에는 수미 감자처럼 분이 많이 나는 감자를 사용해야 합니다.

저희는 감자를 사면 고무장갑 두 개를 겹쳐 끼고 뜨거운 물에 박박 씻습니다. 흙이 묻어 있으니 잘 닦아내야 하지요. 이렇게 손질한 감자는 소금과 버터를 넣고 끓는 물에서 30분간 삶아냅니다. 물에 소금과 버터를 미리 넣기 때문에 매시트포테이토를 만들면 기본 간이 되어 아주 맛있습니다. 한꺼번에 많이 만들어 냉동실에 얼려두고 필요할 때마다 꺼내 쓰는데 정말 요긴합니다.

여기에 역시 여름이 제철인 옥수수구이를 곁들였습니다. 초당옥수수가 한창 맛있을 때라 잘라서 팬에 구웠고요. 조금 지나면 맛있는 찰옥수수가 나오니 그땐 또 찰옥수수를 곁들이게 될 겁니다.

Ingredients

초당옥수수 2개(1개는 가니시),
분감자 4개(포슬포슬한 감자, 수미 감자 계열),
다진 마늘 1Ts, 올리브오일, 버터 1Ts,
바질 페스토 소스 1Ts, 파프리카 가루, 소금

Recipe

1. 감자는 뜨거운 물에 껍질째 씻습니다.
2. 소금과 버터를 넣고 끓는 물에 감자를 30분간 삶아 건져냅니다.
3. 감자가 뜨거운 상태에서 다진 마늘과 올리브오일을 넣고 포테이토 매셔로 누르면서 섞어줍니다.
4. 섞은 감자에 초당옥수수 알을 넣고 섞어줍니다.
5. 칼로 자른 초당옥수수를 가니시로 올린 후 바질 페스토 소스와 파프리카 가루를 얹어 완성합니다.

Octopus Salad

돌문어 샐러드

가을부터 봄이 피문어의 계절이라면 여름은 돌문어의 계절입니다. 돌문어는 피문어에 비해 크기는 좀 작아도 찰진 단맛을 갖고 있습니다. 대신 피문어에 비해 약간 질긴 편인데, 문어를 부드럽게 삶아내는 저만의 비기가 있으니 어려울 것 없습니다. 문어를 부드럽게 삶는 법을 발견하기까지 장장 4년이라는 시간이 걸렸습니다. 그 과정에서 해체되고 희생된 문어의 수도 엄청났죠. 덕분에 이제는 어느 누구의 조언에도 흔들리지 않는 문어 삶는 비법을 알게 되었다는 게 큰 수확입니다.

살아 있을 때 구입한 문어는 냉동하고, 삶고, 껍질 벗기고, 다시 냉장하는 과정을 거치는데요. 각 과정마다 다양한 디테일이 숨어 있습니다. 넉넉한 시간을 갖고 제대로 손질한 문어의 살과 다리는 샐러드나 문어 스테이크 등으로 사용하고요. 재료 손질하고 남은 문어 머리와 껍질은 여러 번 구웠다 말리는 과정을 거치면서 문어소금으로 탄생합니다. 문어소금은 MSG 못지않은 끝내주는 감칠맛을 갖고 있습니다.

잘 손질한 돌문어에 참외, 오렌지, 복숭아 등의 여름 과일과 단맛 폭발하는 햇고구마 등을 넣고 마지막에 까나리액젓 드레싱을 버무립니다. 새콤달콤한 여름 과일과 짭조름한 까나리액젓 드레싱, 여기에 쫄깃한 돌문어의 식감까지, 한여름에 맛보는 감칠맛 폭발하는 여름 샐러드입니다.

Ingredients

돌문어 1마리(1~1.5kg), 청주 500ml, 물 500ml, 향신 채소(셀러리, 파, 양파 껍질 등), 올리브오일, 제철 과일

까나리액젓 드레싱 간장 2Ts, 까나리액젓 2Ts, 설탕 2Ts, 식초 2Ts, 청주 1Ts, 올리브오일 1Ts, 참기름 1Ts, 후춧가루

Recipe

1. 살아 있는 문어의 머리를 제거한 후 다리를 2개씩 슬라이스해 일렬로 붙입니다.

2. 30분 후 문어를 겹치지 않게 담아 냉동실에서 24시간 급랭합니다.

3. 큰 냄비에 물과 청주를 일대일 비율로 넣고 향신 채소를 넣어 끓으면 냉동 문어를 넣고 2시간 정도 삶습니다.

4. 삶은 문어의 껍질을 50%만 벗긴 후 다리와 머리를 균등하게 자른 후 올리브오일을 뿌립니다.

5. 제철 과일(토마토, 참외, 오렌지, 고구마, 감자)을 준비합니다.

6. 올리브오일에 버무린 문어와 제철 과일을 고루 섞은 까나리액젓 드레싱에 버무려 완성합니다.

Grilled Green Vegetables

그린채소구이

스페인은 제게 최고의 여행지 중 한 곳입니다. 언젠가 마음껏 여행할 수 있을 때가 오면 스페인은 꼭 다시 가고 싶을 정도예요. 이 요리는 바로 그 스페인에서 영감받아 만들었습니다. 당시 여행을 다니며 스페인식 채소구이를 접했는데, 처음엔 깜짝 놀랐습니다. '왜 이렇게 채소를 태웠을까?' 싶게 온통 까만색투성이였거든요. 하지만 한입 베어 먹어본 후 깜짝 놀랐습니다. 구운 채소가 이렇게 맛있다니 하고 깨달은 거죠. 그 후 구운 채소를 무척 사랑하게 되었습니다.

솔트는 항상 제철에 나는 채소에 주목합니다. 사계절 가리지 않고 그때그때 가장 맛있는 재료를 찾아 굽고 튀기고 볶는 등 최고의 맛을 뽑아내려 애쓰죠. 한여름에는 초록 색깔 채소가 맛있습니다. 그래서 솔트는 주키니, 완두콩, 꽈리고추 등 온통 초록색인 재료로 채소구이를 만드는데, 여름 채소 메뉴로 인기 만점입니다. 늘 접하는 평범한 채소들인데, 마치 마법을 부린 것 같은 뛰어난 맛을 내거든요. 이 음식을 맛본 손님들은 항상 뭘 더 넣느냐고 묻곤 하세요. 솔트의 비밀 소스나 재료가 들어간다고 여기시는 것 같습니다. 그린채소구이는 특별한 무엇인가를 사용하는 요리가 아닙니다. 채소를 순서대로 볶고 소금과 후추로 간하는 게 다입니다. 하지만 이렇게 말씀드려도 다들 믿지 않으세요. 아마 그만큼 맛있기 때문일 겁니다.

채소를 조리할 때 순서를 지키는 것이 포인트라 할 수 있습니다. 팬 하나를 사용해 단단한 채소부터 먼저 볶는데, 주키니의 단맛을 완두콩이 흡수하고, 그 맛을 다시 꽈리고추가 흡수하는 식입니다. 꽈리고추부터 먼저 볶으면 모든 채소에서 꽈리고추 맛이 나니 주의해야 하죠. 완두콩은 볶기 전에 뜨거운 물에 살짝 담가 절반 정도 익혀 사용하는데, 이렇게 하면 주키니에서 나온 단맛이 완두콩에 잘 배어듭니다. 물을 살짝 넣어 볶으면 완두콩이 촉촉하면서도 맛있어지죠.

접시에 레이어드하듯이 볶은 재료를 순서대로 쌓은 후 소금과 후추를 뿌리면 끝입니다. 채소를 굽기만 하면 되는 초간단 요리이지만 맛은 기가 막힙니다.

Ingredients

완두콩 1컵, 주키니 ¼개, 꽈리고추 1줌,
페페론치노, 올리브오일, 소금, 후춧가루

Recipe

1. 완두콩을 뜨거운 물에 3~4분간 담가둡니다.
2. 팬에 올리브오일을 넉넉히 두르고 필러로 썬 주키니를 앞뒤로 소금을 살짝 뿌려 굽고 팬에서 건져냅니다.
3. 같은 팬에 물 2~3Ts을 넣고 완두콩을 소금으로 간해 익힌 후 팬에서 건져냅니다.
4. 같은 팬에 올리브오일을 넉넉히 두르고 꽈리고추에 소금과 후춧가루를 살짝 뿌려 페페론치노와 볶습니다.
5. 기호에 따라 초리조를 구워 얹어 완성합니다.

홍신애가 사랑하는 차와 후추

저희는 웰컴티나 디저트에 차를 많이 제공해드려요. 여행을 좋아하는 제가 이곳저곳 다니며 모은 차들을 손님들께 설명하며 내려주는 행위가 저에게는 엄청난 힐링이 된답니다. 스리랑카의 해발 600m 이하의 저지대(우바), 1000m 정도의 중지대(엘라, 담불라), 그리고 1200m 이상의 고지대(누와라엘리야, 하푸탈레)로 나누어 차를 서비스하고 있어요. 일반적인 홍차에 길들여졌던 손님들이 다양한 해발고도에서 재배한 차를 마시면서 티타임의 매력에 흠뻑 빠지시기도 하죠.

솔트에 오는 많은 손님들이 이렇게 얘기하세요. "전 원래 후추를 싫어하는데, 솔트에 오면 후추가 맛있게 느껴져요!" 지금까지 일반적으로 먹던 후춧가루는 미세한 분말 형태라 신선하게 갈아 만든 진짜 후춧가루와는 약간 거리감이 있죠.

솔트에서는 인도 아자드힌드 농장의 후추를 사용해요. 말라바르 후추라고도 하죠. 인도의 여러 지역에서 후추를 경험했지만 저의 선택은 향긋하고 단맛이 많은 아자드힌드가 제격이더라고요. 달콤한 과일의 촉촉한 수분감과 톡 쏘면서도 동그란 뒷맛이 정말 잘 어울려요. 고기 요리에 상큼함을 더하는 건 물론이고요. 삼겹살 통구이에는 오래 끓인 통후추가 들어가는데 살짝 씹어보면 입안이 엄청 화사해진답니다.

About Tea & Pepper

Chicken Arancini

토종닭 아란치니

우리나라에 주먹밥이 있다면 이탈리아에는 아란치니가 있습니다. 아란치니Arancini는 '작은 오렌지'라는 뜻이며, 쌀을 메인으로 다양한 부재료와 섞어 빵가루에 묻혀 튀겨낸 음식입니다. 솔트에서 내는 토종닭 아란치니는 겉으로 보면 영락없는 이탈리아 요리 같지만 한입 먹어보면 단번에 삼계탕이라는 것을 알 수 있습니다. 아란치니라는 이름과 형식을 빌린 한식이지요.

저는 삼계탕을 좋아합니다. 하지만 닭살을 발라 먹고 난 후 죽을 먹을 때 작은 닭뼈들이 입에 걸리는 게 무척 불편했어요. 그래서 저처럼 닭뼈를 일일이 발라내는 게 귀찮은 분들을 위해 이 요리를 고안하게 됐죠. 원래는 '치킨행성 인삼왕자'라는 이름으로 MBC 요리 예능 프로그램 〈볼빨간 신선놀음〉에서 선보인 음식입니다. 당시 심사위원들에게 만점을 받을 정도로 반응이 무척 좋았어요. 그 반응을 솔트에서 이어나가고 있는 거죠. 아니나 다를까 손님들도 맛있다고 무척 좋아합니다. 단, 만들기는 쉽지 않아요. 시간과 품이 많이 들어가거든요.

먼저 삼계탕 끓이는 것부터 시작합니다. 닭 뱃속에 쌀, 인삼, 대추, 마늘을 넣고 잘 오므려 푹 익히죠. 다 익은 닭은 꺼내 식힌 후 닭살을 발라내고 밀가루, 달걀물, 빵가루에 묻혀 튀겨냅니다. 이렇게 해서 먼저 아란치니를 준비합니다. 육수는 진한 맛을 낼 때까지 좀 더 끓이고요. 여기에 들깨를 넣어 구수한 맛을 더합니다. 수삼과 대추, 연근, 밤은 얇게 썬 후 튀깁니다. 재료가 준비되면 따뜻한 국물에 아란치니를 넣고 튀긴 재료들을 얹어 완성합니다.

닭은 구엄닭이나 연천닭 등 그때그때 구할 수 있는 좋은 토종닭을 사용합니다. 워낙 시간이 많이 걸리고 손도 많이 가는 데다 심지어 재료비도 비싸 가성비가 무척 낮습니다. 하지만 저는 이상하게 이런 요리와 인연이 깊습니다. 힘들게 고생해서 만든 요리에 엄지척해주시는 손님들이 계시는 한 이 인연을 놓을 리 없겠지요.

Ingredients

닭 1마리(제주도 구엄닭, 연천닭),
불린 쌀 1컵, 인삼 1개, 대추 2개, 밤 2개,
마늘 2쪽, 수삼 1개, 연근 ¼개, 거피 들깨 3Ts,
간장 1Ts, 밀가루 ½컵, 달걀 1개, 빵가루 1컵,
소금, 후춧가루

Recipe

1. 닭은 깨끗이 씻어 뱃속에 쌀, 인삼, 대추, 밤, 마늘을 넣고 오므린 후 20~30분간 끓입니다.

2. 닭은 건져내고 국물만 10분간 더 끓입니다.

3. 닭 뱃속의 재료를 꺼낸 후 살만 발라냅니다.

4. 뱃속에서 건져낸 재료와 닭살에 소금, 후춧가루로 간한 뒤 동그랗게 뭉쳐줍니다.

5. 뭉친 살을 밀가루, 달걀물, 빵가루 순으로 튀김옷을 입힌 후 180도 기름에 튀깁니다.

6. 수삼과 연근, 밤은 튀김옷을 입혀 튀깁니다.

7. 닭 육수(1L)에 거피 들깨, 간장을 넣고 소금으로 간합니다.

8. 튀겨낸 아란치니와 다른 재료를 모두 **7**에 넣고 완성.

Snapper Carpaccio

도미카르파초

무더운 여름철에는 생선회를 꺼리는 분들이 많습니다. 하지만 여름에도 맛있는 생선이 분명 있습니다. 흰 살 생선이 특히 그런데, 그중에서도 병어나 숭어, 도미 등은 7월이 제철입니다. 제아무리 더운 여름철이라 해도 이때 가장 맛있는 생선이 있으니 그냥 넘어갈 수는 없죠. 도미 역시 우리나라 전역에서 광범위하게 잡히는 생선 가운데 하나입니다. 겨울 도미도 맛있지만 여름 도미는 크기도 크고 맛도 좋지요.

솔트는 여름에 싱싱한 도미가 들어오면 활어 상태 그대로 회를 떠서 냉장고에서 숙성시킵니다. 우리나라 분들은 막 잡아서 뜬 회를 주로 드시지만, 사실 이때는 식감이 질긴 편입니다. 물론 이런 식감을 쫄깃하다고 해서 좋아하는 분도 있습니다. 하지만 저는 흰 살 생선은 숙성해서 먹었을 때 그 맛의 깊이를 느낄 수 있다고 여깁니다. 단백질은 시간이 지나면 조금씩 분해되는 성질이 있는데 생선살도 숙성시키면 훨씬 부드러워지고 특유의 풍미도 생기거든요. 솔트에서 사용하는 도미는 냉장고에서 12시간 정도 숙성시키는데 이렇게 하면 도미살이 부들부들해지면서 가장 먹기 좋은 상태가 됩니다.

싱싱한 도미살을 잘 숙성시키고 나면 요리는 일사천리로 진행됩니다. 레몬즙을 듬뿍 뿌린 후 8년 동안 간수를 뺀 토판염, 후춧가루, 올리브오일을 뿌린 뒤 기호에 맞게 약간의 허브를 더하면 완성됩니다. 신선한 생선살을 즐기는 것이 포인트이니 따로 조리라고 할 것이 없습니다. 보드라우면서도 감칠맛 넘치는 도미살을 맛본 후 '사각'하고 씹히는 소금의 단맛을 느껴보길 바랍니다.

Ingredients

도미 1마리(1~1.5kg), 레몬 1개, 소금(토판염),
인도 후춧가루, 올리브오일,
허브(타임, 처빌, 딜, 세이지)

Recipe

1. 활어 상태의 도미를 5장뜨기합니다.
2. 손질한 도미는 랩을 씌운 상태에서 공기층을 내고 냉장고에서 12~24시간 숙성시킵니다.
3. 드라이하게 숙성된 도미는 얇게 썬 후 레몬즙을 넉넉히 뿌립니다.
4. 소금과 후춧가루를 뿌린 후 올리브오일을 뿌립니다.
5. 타임과 처빌, 딜, 세이지 등의 허브를 곁들여 완성합니다.

Essay

솔트의 그릇

제가 솔트에서 사용하는 그릇들은 모두 짝이 안 맞아요. 세트로 사용할 수 없는 제각기 다른 디자인의 오래된 그릇들이죠. 엄마나 할머니께 물려받은 그릇이 많고 종종 제가 사서 모은 빈티지 그릇이 대부분이에요.

솔트 초창기에 오신 어떤 손님은 저에게 "아니 사장이 얼마나 돈이 없으면 식당에서 그릇도 하나 세트로 못 사서 쓰냐" 하고 물은 적도 있었어요. 그 당시만 해도 레스토랑 그릇은 '레스토랑용'으로 정해진 어떤 룰 같은 게 있었고 저처럼 각기 다른 그릇을 매번 다르게 내놓는 상업 공간은 거의 없을 때였죠. 손님들도 종종 충격을 받으셨어요. 같은 메뉴를 시켜도 각기 다른 그릇에 나왔으니까요. 하지만 대부분의 손님들은 그릇 구경하는 재미가 있다고 받아들이며 좋게 봐주셨지요.

요즘은 빈티지 그릇들만 사용하는 콘셉트의 식당들도 많이 생겼더라고요. 저도 손님분들께 엄마와 할머니가 쓰던 그릇의 스토리, 황학동 시장의 구석진 곳에서 발견한 보석 같은 옛 골동품 접시 이야기를 하면서 더 친해지고 유대 관계도 생기는 것 같아요. 이렇게 솔트의 그릇들은 살아 있는 솔트의 역사이기도 하죠.

할머니가 물려주신 1950년대 휘슬러 압력솥, 엄마가 시집올 때 장만해서 쓰다 주신 내 나이와 동갑인 빨강 튀김 냄비, 100살 정도 나이를 먹은 영국산 보울, 오래된 크리스털 물잔 등… 우리 집에서 당연한 듯 쓰고 있던 소소한 살림살이들이 솔트에서 빛을 발하고 있죠. 저는 어릴 적 이 그릇들이 참 싫었어요. 세련되지 못하고 촌스럽고… 하지만 이게 진정한 멋이란 걸 이젠 알겠더라고요. 저도 우리 아이들에게 물려줄 거예요.

Part 3

Autumn in Salt

솔트의 가을

Egg Frittata

청란프리타타

프리타타는 오믈렛과 비슷한 이탈리아 요리입니다. 달걀을 주재료로 여기에 채소 등 각종 부재료를 함께 넣어 만들죠. 솔트에서는 프리타타에 유정청란을 사용하는데, 차갑게 식혀 호스래디시 소스와 함께 애피타이저 요리로 냅니다. 처음 음식을 맛보신 분들은 "달걀 요리인데 왜 이렇게 차갑냐?"고 묻곤 하세요. 하지만 한번 드시면 이후 계속 찾는 인기 메뉴 중 하나입니다.

프리타타 한 판을 만드는 데 청란 12~15알이 들어갑니다. 달걀 중에서도 고가의 프리미엄급 달걀인 유정청란을 고집하는 건 그만큼 맛있기 때문입니다. 어떤 분들은 청란이 건강에 도움이 된다고 좋아하시죠.

달걀 외에 초리조, 시금치를 사용했습니다. 시금치는 추워지기 시작하는 12월부터 3월까지가 제철입니다. 이맘때 나오는 시금치는 단단하고 맛이 좋아 겨울 메뉴에 사용하기 딱이죠. 달걀에 상큼한 맛을 더해주기 위해 호스래디시와 마늘을 섞어 만든 소스를 뿌린 후 아몬드 슬라이스를 곁들였습니다. 프리타타의 부드러운 질감에 아몬드의 톡톡 씹히는 식감이 재미를 선사합니다.

Ingredients

청란 12개, 시금치 80g, 다진 양파 1컵,
다진 초리조 ½컵(베이컨 대체 가능),
아몬드 슬라이스 1Ts, 올리브오일, 소금, 후춧가루

호스래디시 소스 마요네즈 3Ts, 호스래디시 2Ts,
다진 마늘 1Ts, 설탕 1Ts, 식초 1Ts, 후춧가루

Recipe

1. 청란은 거품기로 곱게 풀어줍니다.
2. 팬에 올리브오일을 두르고 적당히 자른 시금치, 다진 양파, 다진 초리조를 소금, 후춧가루로 간을 하며 볶습니다.
3. 달걀물을 붓고 뚜껑을 닫아 약한 불에 익힙니다.
4. 젓가락으로 찔러 묻어나오지 않을 때까지 익힙니다.
5. 뒤집어서 꺼낸 뒤 식혀 썰어줍니다.
6. 호스래디시 소스 재료를 섞어 프리타타에 얹고 아몬드 슬라이스를 뿌려 완성합니다.

Dried Pollack Carbonara

황태카르보나라

혹시 보푸라기라는 음식을 아세요? 북어로 만드는 음식인데, 옛날에는 어머니들이 일일이 손으로 가시를 발라내고 북어살을 가늘게 찢어 양념에 무쳐 내던 음식입니다. 지금은 도구를 이용하지만 당시에는 오로지 손에 의존했기 때문에 만들기가 무척 까다로운 음식이었습니다. 귀한 날, 소중한 손님에게 대접하는 용도로 많이 쓰였죠.

솔트는 이 보푸라기를 응용해 황태카르보나라를 탄생시켰습니다. 저희는 1년에 서너 번 신메뉴 개발 이벤트를 엽니다. 주방에서 일하는 스태프들이 참여하는데, 시즌별로 식재료를 정해서 새로운 메뉴를 개발하고 그중 1등을 뽑아 상금을 수여하죠. 솔트는 파스타 메뉴가 많기 때문에 더 늘릴 생각은 없었는데, '선영' 셰프가 경연에 선보인 황태카르보나라가 너무 맛있어서 결국 정식 메뉴로 채택했습니다. 그만큼 황태카르보나라의 맛은 막강했습니다.

평소 우리가 먹는 황탯국에는 달걀이 들어가잖아요. 황태와 달걀이 궁합이 아주 잘 맞는다는 것을 응용했습니다. 이탈리아의 카르보나라 파스타는 크림을 전혀 사용하지 않고 오로지 달걀만으로 만드는데 솔트도 마찬가지거든요. 청란으로 카르보나라 파스타를 만드는데, 여기에 황태 보푸라기를 넣어보자고 했죠. 결과는 대성공이었습니다.

황태는 강원도 눈밭에서 겨울 내내 얼었다 녹았다를 반복해서 봄에 출하하는 노랑태를 사용합니다. 북어 중에서도 노랑태는 훨씬 더 고소하고 맛있습니다.

파스타 하면 흔히 올리브오일만 떠올리는데요. 저희는 황태살을 참기름에 무쳐냅니다. 가장 한국적인 것이 가장 세계적인 것이 될 수 있다는 누군가의 말처럼, 참기름에 무친 황태살과 카르보나라 파스타의 조화가 손님들에게 기대 이상으로 높은 점수를 받고 있습니다.

Ingredients

스파게티 면 110g, 황태 보푸라기 1컵, 청란노른자 4개, 대파 흰 부분 1대, 황태 육수 200ml, 파르미지아노레지아노 치즈 가루, 올리브오일, 이탈리안 파슬리, 소금, 후춧가루

황태 양념 간장 ½Ts, 참기름 ½Ts

Recipe

1. 면은 삶아둡니다.

2. 황태 보푸라기는 간장과 참기름에 살짝 무쳐두세요.

3. 팬에 적당히 썬 대파를 볶다가 황태 육수를 부어 끓입니다.

4. 삶은 스파게티 면을 넣은 후 청란노른자를 넣고 소금으로 간해 치댑니다. 달걀이 익지 않고 잘 섞일 수 있도록 빠른 속도로 치대주세요.

5. 황태 보푸라기를 얹고 파르미지아노레지아노 치즈 가루와 올리브오일, 이탈리안 파슬리, 후춧가루를 뿌려 마무리합니다.

Grilled Wild Mushroom

야생버섯구이

버섯은 건강 식재료인 동시에 고기와 비슷한 식감을 지니고 있어 마니아층이 상당히 두텁습니다. 최근 비건 문화가 대중적으로 퍼지면서 버섯 요리의 매력도 같이 상승하는 추세죠.

솔트에서 내는 야생버섯구이는 그때그때 생산되는 제철 버섯을 주재료로 사용합니다. 뭐든 제철에 나오는 게 가장 맛있다는 믿음은 버섯이라고 예외가 아니니까요. 가을에는 송고버섯이 맛있는 시즌입니다. 까치버섯 혹은 먹버섯도 쏟아져 나오고요.

버섯구이 요리의 핵심은 버섯을 종류별로 따로따로 볶는다는 것입니다. 재료 특성에 맞는 가장 맛있게 굽는 방법을 찾아내 각기 다른 방식으로 익혀요. 이를 테면 느타리버섯의 경우 촉촉한 식감을 살릴 수 있게 물로 익히는 방법을 씁니다. 표고버섯은 뜨거울 때 휘리릭 볶아내야 하고, 애느타리버섯은 뚜껑을 덮고 익혀야 제맛이 납니다. 이렇게 종류별로 각기 다른 방식으로 볶은 버섯을 한 접시에 담아내면 그 풍성함에 한 번 놀라고, 그 맛에 두 번 놀랍니다. 버섯이 이렇게 맛있는 음식인지 모르셨던 거죠. 게다가 한꺼번에 이렇게 다양한 버섯을 맛보기란 쉽지 않은 일이거든요.

버섯구이에 삶은 달걀을 곁들이기도 하고, 오늘처럼 버섯 끓인 소스와 함께 낼 때도 있습니다. 하지만 버섯을 구우면 그 자체만으로 워낙 맛있기 때문에 소금과 후추만 뿌려도 맛있게 즐길 수 있습니다.

Ingredients

백만송이버섯 100g, 느타리버섯 80g, 싸리버섯 40g, 표고버섯 6개, 양송이버섯 4개, 물, 올리브오일, 소금, 후춧가루, 파르미지아노레지아노 치즈 가루

Recipe

1. 팬에 올리브오일을 두르고 백만송이버섯, 물 2Ts을 넣고 뚜껑을 닫은 뒤 30초간 익혀 그릇에 따로 담아둡니다.

2. 느타리버섯과 싸리버섯도 같은 방식으로 익힙니다.

3. 표고버섯과 양송이버섯은 밑동을 떼고 올리브오일을 충분히 둘러 구운 뒤 따로 담아둡니다.

4. 접시에 보기 좋게 담고 소금, 후춧가루, 올리브오일을 뿌려 완성합니다.

5. 기호에 따라 버섯크림소스 혹은 파르미지아노레지아노 치즈 가루를 뿌려주세요.

Jeju
Mushroom
Risotto

제주버섯리조또

우리나라에서 리조또를 만들 때는 어떤 쌀을 사용하느냐가 핵심이라고 생각해요. 저는 양평에서 생산되는 '홍신애 쌀'로 리조또를 만들어요. 껍질을 반만 깎은 오분도미인데, 푹 익혀도 식감이 살아 있어 우리나라 분들에게도 익숙하게 다가갈 수 있는 식감의 리조또를 만들 수 있습니다. 여기에 양파, 마늘, 셀러리, 파 속대 등 자투리 채소를 다져서 쌀과 함께 볶아 깊은 풍미가 느껴지죠.

크림소스에 들어가는 주재료는 버섯과 우유로, 물은 한 방울도 넣지 않고 만들었습니다. 신선한 단일 목장 우유에 버섯 밑동 등 자투리 부분을 넣어 두세 시간 푹 끓이면 정말 고소하고 맛있는 크림소스가 탄생합니다. 질 좋은 우유는 유지방을 3.8% 이상 함유하고 있어 굳이 생크림을 넣지 않아도 충분히 오래 끓여주면 농축된 크림소스 맛을 낼 수 있어요.

어떤 분은 소스만 먹어도 맛있다고 해주시니, 이 크림소스는 솔트의 특제 소스임에 틀림없습니다.

Ingredients

제주표고버섯 8개, 다진 셀러리 1Ts,
다진 양파 1Ts, 다진 마늘 ½Ts, 물 200ml,
오분도미 150g, 올리브오일,
파르미지아노레지아노 치즈 가루,
파슬리 가루, 소금, 후춧가루

버섯크림소스 표고버섯 200g, 마늘 3쪽,
우유 500ml, 소금

Recipe

1. 냄비에 표고버섯과 마늘, 우유를 넣고 약한 불에서 1시간 이상 끓인 뒤 소금으로 간하고 블렌더에 갈아 버섯크림소스를 만드세요.

2. 달군 팬에 올리브오일을 두른 뒤 다진 셀러리와 다진 양파, 다진 마늘을 볶습니다.

3. 오분도미를 넣고 5분간 천천히 볶습니다.

4. 같은 팬에 물을 넣고 미리 만들어둔 버섯크림소스 3Ts을 넣고 끓이세요.

5. 푹 익을 때까지 끓여주세요. 이때 소금을 넣어 간을 맞춰요.

6. 접시에 담고 구운 표고버섯을 올린 뒤 파르미지아노레지아노 치즈 가루, 후춧가루, 피슬리 가루를 뿌려 완성합니다.

Roasted Pork Belly with Fig Apple Chutney

얼룩돼지
무화과사과처트니

삼겹살을 통으로 구워 무화과 소스와 사과 처트니 두 가지 소스를 뿌려낸 음식입니다. 까만 게 무화과 소스이고, 작은 알갱이처럼 보이는 게 사과 처트니예요. 사과는 시나노 골드 품종을 사용하는데, 특유의 새콤달콤한 처트니 맛이 무화과 소스와 아주 잘 어울립니다. 무화과 소스와 사과 처트니의 궁합을 맞추고, 다시 이 두 가지를 통삼겹살과 결합시키면 정말 환상적인 돼지고기 요리가 탄생합니다. 삼겹살은 24시간 오븐에서 굽습니다. 물 한 방울 넣지 않고 레드 와인에 각종 채소를 넣어 100도에서 하루 종일 익히죠. 일종의 와인 수육입니다.

달콤한 무화과 소스와 사과 처트니를 올린 통삼겹살 외에도 마늘, 고구마, 호박 등 채소를 듬뿍 곁들였습니다. 이 음식을 맛보신 분들이 고구마 이야기를 많이 하시는데요. 솔트의 고구마가 특히 맛있는 비법을 알려드릴게요.

가을에 수확한 고구마를 구입하면 일단 말리는 일부터 시작합니다. 겹치지 않게 뚝뚝 떨어뜨린 후 그늘에 오래 놓아둡니다. 일부러 밖에 두면 고구마의 수분이 안으로 응축되어 훨씬 단맛을 냅니다.

솔트를 방문하신 손님들이 문을 열고 입장했을 때 현관에서 손님을 맞는 건 예쁜 꽃이 아니라 고구마와 같이 숙성되고 있는 채소일 때가 많아요. 왜 여기에 고구마를 두느냐고 물어보시는데, 이런 사정 이야기를 해드리면 "아, 그래서 솔트에서 먹은 고구마가 그렇게 맛있었구나" 하면서 고개를 끄덕이세요.

음식은 시간과 정성의 싸움이죠. 긴 시간을 인내하고 기다리면, 들인 시간과 정성만큼 다디단 맛을 선사합니다. 만약 긴 시간 기다리기가 힘들다면 솔트로 오시면 됩니다. 저희가 정성 들여 숙성한 재료들로 맛난 요리를 선사해드리겠습니다.

Ingredients

얼룩돼지 삼겹살 5kg, 레드 와인 6병, 향신 채소, 통후추, 무화과, 제철 과일, 가니시용 호박, 고구마, 마늘

사과 처트니 사과 4개, 계피 스틱 2개, 레몬 1개, 화이트 와인 4Ts, 설탕 ½컵, 소금, 통후추 1Ts

Recipe

1. 커다란 냄비에 레드 와인과 삼겹살, 향신 채소, 통후추를 더해 100도의 오븐에 24시간 삶아주세요. 고기만 건져 무거운 걸로 눌러 납작하게 모양을 잡습니다.

2. 끓인 와인은 건더기를 걸러내고 남은 소스에 무화과와 제철 과일을 넣고 ½로 줄어들 때까지 끓여 무화과 소스를 만듭니다.

3. 냄비에 잘게 자른 사과와 계피 스틱, 레몬즙, 화이트와인, 설탕, 소금, 통후추를 넣고 끓여 사과 처트니를 만들어요.

4. 호박, 고구마, 마늘을 구워 함께 곁들입니다.

Grilled Korean Beef and Scallop

한우관자삼합구이

한우, 표고버섯, 관자는 전라남도 장흥의 대표 특산물입니다. 원래는 관자와 표고를 불판에서 구워 소금장에 찍어 먹던 요리였습니다. 4월에 많이 나는 키조개 속 싱싱한 관자를 이렇게 즐길 수 있었다니 입이 정말 호사를 누렸던 거지요. 솔트는 여기에 더해, 한우 안심구이를 곁들여 삼합으로 내고 있습니다. 육식 애호가가 좋아할 만한 솔트의 최고급 요리 중 하나라고 할 수 있습니다.

한우는 보통 20일 정도 숙성시켜 사용하는데, 이번에는 숙성 기간을 30일로 늘렸습니다. 너무 쉽게 뭉개져 무슨 맛인지도 모를 대책 없는 부드러움이 아닌, 육질이 적당히 쫄깃하면서도 부드러운 맛을 내는 한우가 되었습니다. 오래 숙성시켜 고기 풍미는 한결 더 강해졌고요. 여기에 표고버섯의 향긋함이 배어들었습니다. 잘 숙성된 한우 육즙과 쫄깃한 관자, 표고버섯의 조화가 일품입니다.

요리의 정수가 될 만한 고급 식재료 가운데 잘 어울리는 것을 골라내고, 최소한의 간과 조리로 즐기는 음식은 흔치 않습니다. 조리 과정이 간단하기에 미묘한 맛의 순간을 재빨리 파악해 최고의 맛을 즐길 수 있도록 서빙하는 것도 쉽지 않은 일입니다. 자칫 잘못하면 이 좋은 재료들을 망칠 수 있으니까요.

볶고 지지지 않는, 재료 본연의 맛을 즐길 수 있는 요리, 바로 솔트의 한우 안심, 관자, 표고버섯 삼합 요리라고 감히 생각해봅니다.

Ingredients

한우 안심 200g, 키조개 관자 3개, 표고버섯 8개, 올리브오일, 소금, 후춧가루

Recipe

1. 달군 팬에 올리브오일을 두르고 안심을 앞뒤로 잘 구운 뒤 4~5분간 레스팅을 합니다.
2. 고기를 구운 팬에 관자와 표고버섯을 차례로 굽습니다.
3. 소금, 후춧가루, 올리브오일을 뿌려 마무리합니다.

About Korean Beef

한우 이야기

2주일에 한 번씩 솔트가 분주해지는 날이
있습니다. 바로 한우가 들어오는 날이에요.
저희는 부위별로 고기를 받지 않고
통째로 받아 '지상' 셰프가 각 요리의
쓰임에 따라 해체한답니다. 최고급 안심
부위는 비프웰링턴에, 채끝과 등심은
한우관자삼합구이로, 손님들이 무척
좋아하는 사태와 양지 부위는 갈비찜용으로
활용합니다. 그 외 남은 부위는 볼로네제
소스에 넣어 어느 하나 남김 없이 깔끔하게
사용합니다.

Roasted Shrimp with Salt

대하소금구이

가을 대표 해산물은 뭐니 뭐니 해도 대하죠. 9월부터 11월까지 잡히는 대하가 가장 맛 좋기로 유명한데, 이때 살이 통통하게 올라 달디단 맛을 선사합니다. 소금을 듬뿍 깔고 익히는 대하소금구이는 재료 본연의 맛을 가장 잘 살리는 요리법입니다. 먹기 좋게 수염과 내장 등을 손질한 후 소금에 묻어 껍질이 선홍색이 될 때까지 익힙니다. 너무 오래 구우면 새우살이 딱딱하고 퍽퍽해질 수 있으니 주의해야 하죠. 레몬과 허브를 넣어 함께 구우면 상큼하면서도 신선한 향이 대하에 스며들어 더 맛있게 즐기실 수 있습니다. 새우는 쉽게 맛이 빠져나가기 때문에 뜨거운 소금에 재빨리 구워내야 맛있어요. 대하철에 소금구이가 유행하는 이유이기도 해요.

Ingredients

대하 10마리, 소금 3컵, 레몬 1개,
타임 등 허브

Recipe

1. 대하는 수염과 뿔을 잘라내 손질합니다.

2. 소금에 대하를 보이지 않을 정도로 묻고 레몬 슬라이스와 허브를 얹어 200도 오븐에 20~25분간 구워 완성합니다.

Spicy Crab Pasta

스파이시크랩파스타

딱딱한 껍질 속 달고 보드라운 속살을 감춘 가을 꽃게는 감히 최고의 가을 식재료 중 하나라고 말씀드릴 수 있습니다. 금어기가 끝난 후 잡힌 꽃게가 살이 많고 맛도 좋은데, 솔트에서는 살이 통통하게 오른 수꽃게를 주로 사용합니다. 그래야 풍성한 게살 맛을 경험할 수 있거든요. 스파이시크랩파스타는 꽃게를 이용한 대표적인 시즌 메뉴로, 아무 때나 맛볼 수 있는 음식이 아니라서 더 귀하게 여겨집니다.

이 요리에는 애환이 숨어 있는데요. 처음에는 손님들이 꽃게살을 발라 먹기 힘들 것 같아 주방 스태프들이 손으로 일일이 게살을 발라내 요리했습니다. 하지만 아쉽게도 손님들이 이 수고로움을 전혀 알아채지 못하셨어요. "게가 다 어디 갔냐?"고 물으시는 분도 있었죠. 결국 저희는 꽃게를 통으로 드실 수 있게 요리를 변형시켰습니다. 게딱지도 함께 드리는데, 안에 있는 알을 직접 파 드실 수 있어 만족도가 높아졌습니다.

요리 이름에서 예상하듯이 소스를 만들 때 고추를 넣습니다. 크림소스를 기본으로 톡 쏘는 매운맛을 강조하는 거죠. 꽃게와 매운 크림소스가 만나 이뤄내는 환상적인 궁합은, 그 맛을 아시는 분들에게는 꽤나 중독적입니다. 가을에만 맛볼 수 있기 때문에 솔트의 오랜 단골 고객들이 주로 찾습니다.

이 요리는 파는 입장에서 도움이 되지 않는 메뉴이기도 합니다. 음식 만들기 어려운 건 차치하고라도, 꽃게 값이 워낙 비싸 수지타산이 맞지 않거든요. 그런 메뉴를 왜 내느냐고 물으신다면 할 말이 없습니다. 맛이 정말 좋으니 저 역시 포기할 수 없기 때문이겠지요. 아마 이런 욕심이 솔트를 오늘까지 이어오게 한 힘일 거라고 애써 위로해봅니다.

Ingredients

스파게티 면 110g, 꽃게 1마리, 다진 마늘 ½큰술, 버섯크림소스 100g, 청양고추 2개, 면수 100ml, 올리브오일, 페페론치노, 소금, 후춧가루

버섯크림소스 표고버섯 200g, 마늘 3쪽, 우유 500ml, 소금

Tip | 냄비에 표고버섯과 마늘, 우유를 넣고 약한 불에서 1시간 이상 끓인 뒤 소금으로 간하고 블렌더에 갈아 버섯크림소스를 만드세요.

Recipe

1. 면은 삶아 건지고 면수는 따로 둡니다.
2. 게는 등을 떼어내고 안쪽을 깔끔하게 손질한 뒤 4등분합니다.
3. 달군 팬에 올리브오일을 두른 뒤 다진 마늘을 볶아 향을 냅니다.
4. 게를 넣고 살짝 볶다가 면수를 넣고 끓입니다.
5. 버섯크림소스와 면을 넣고 소금, 후춧가루, 페페론치노로 간을 합니다.
6. 다진 청양고추를 얹어 마무리합니다.

Design by
Kenzo Takada

Galbi Jjim with Root Vegetables

뿌리채소갈비찜

갈비찜은 손이 참 많이 가는 요리입니다. 하지만 좋은 재료로 정성 듬뿍 넣어 만들면 모두들 환호성을 지르죠. 갈비찜은 대한민국 식문화의 우뚝 솟은 산봉우리 같은 메뉴라고 할 수 있습니다.

프랑스에도 갈비찜과 비슷한 요리가 있습니다. 뵈프 부르기뇽이라 불리는 음식이지요. 프랑스뿐만 아니라 미식으로 유명한 외국의 식문화를 살펴보면 비슷한 요리가 많습니다. 덩어리 고기에 각종 채소를 넣은 후 오랫동안 푹 익혀 먹는 고기 메뉴는 만국 공통의 음식이라고 봐도 무방할 것입니다.

솔트가 어떤 종류의 식당이냐고 묻는다면 '제철 한국의 재료를 사용해 서양 요리를 만들어 내는 곳'이라고 정의할 수 있습니다. 만약 솔트에서 뵈프 부르기뇽을 만든다면 바로 이런 갈비찜이 탄생할 거라고 상상했습니다. 뵈프 부르기뇽이나 갈비찜이나 비슷한 음식인데 굳이 어려운 서양 이름으로 부르기보다 우리나라 분들게 친숙한 갈비찜으로 명명하게 된 거죠.

솔트의 갈비찜에는 다양한 부재료가 들어가는데 무와 당근, 연근 이 세 가지 채소는 꼭 넣습니다. 언제 만들어도 이 세 가지 뿌리채소는 필수죠. 특히 연근은 일일이 손으로 깎아 꽃 모양을 내는데, 뵈프 브루기뇽 같은 분위기를 내주는 효자 아이템입니다. 무, 당근, 연근 등 세 가지 뿌리채소가 필수 부재료라면, 계절별로 맛있는 제철 채소가 등장하면 그때그때 상황에 맞춰 적절히 사용합니다. 감자가 맛있는 철일 때는 매시트포테이토를 곁들이기도 해요. 밥 대신 함께 먹으면 부드럽게 잘 넘어가죠.

Ingredients

소고기(갈비+등심) 2kg, 무 ¼개, 연근 ¼개, 당근 ½개, 밤 4개, 대추 2개, 매시트포테이토 1컵

고기 삶는 물 물 1L, 청주 200ml, 멸치다시마육수 200ml, 통후추 1Ts

양념장 간장 200ml, 설탕 ½컵, 청주 100ml, 다진 마늘 1Ts, 다진 생강 ¼큰술

Recipe

1. 갈비는 찬물에 담가 핏물을 뺍니다.
2. 채소는 껍질을 깎고 큼직하게 잘라 동글동글하게 손질합니다.
3. 큰 냄비에 물을 넣고 끓으면 고기와 청주를 넣고 고기 겉면이 익기 시작하면 멸치다시마육수와 통후추를 넣어 끓입니다.
4. 양념장을 넣고 30분 끓인 뒤 준비한 채소를 넣습니다.
5. 채소가 익으면 접시에 매시트포테이토를 담고 갈비찜을 올려 마무리합니다.

Shrimp and Spanish Mackerels Carpaccio

단새우삼치카르파초

가을 찬바람이 불기 시작하면 삼치의 계절이 왔음을 실감합니다. 삼치는 우리나라에서 주로 즐기는 생선입니다. 외국에 나가 보면 삼치와 비슷한 생선은 많이 있어도 똑같은 생선은 찾기 어려워 영어로 번역하기 쉽지 않다는 특징도 있어요. 비린내가 거의 없고 식감이 부드러워 담백한 흰 살 생선을 좋아하는 분들에게는 최고의 생선 중 하나가 삼치입니다. 가을부터 1월까지 즐기기 딱 좋죠.

저는 생선을 날것으로 먹을 때에는 충분히 숙성시켜 사용하는 편이에요. 그래야 부드러우면서도 감칠맛 나는 생선살 맛을 즐길 수 있거든요. 하지만 삼치는 다릅니다. 삼치는 굉장히 빠르게 숙성되는 생선입니다. 손질하는 동안 이미 숙성되고 있으니 그대로 손질해서 서빙해도 됩니다.

삼치와 함께 단새우를 곁들여보았습니다. 단새우도 지금이 제철이라 두 재료의 궁합이 아주 좋거든요. 솔트에서 내는 카르파초 중 유일하게 숙성하지 않고 사용하는 메뉴가 바로 이 단새우삼치카르파초입니다. 제철 재료의 본연의 맛을 즐기기 위해 소금과 올리브오일을 뿌려 먹습니다. 그야말로 순수 삼치와 단새우 맛의 극대화입니다.

생선회는 무조건 초고추장에 찍어 먹어야 직성이 풀리는 분들이 많이 계시죠? 하지만 진짜 생선살 맛의 묘미를 즐기려면 담백한 소스에 드시길 권해봅니다. 전혀 다른 생선회 맛의 세상이 열릴 거라고 확신합니다.

Ingredients

삼치 1마리, 단새우 12마리, 레몬 1개, 올리브오일,
소금, 후춧가루

Recipe

1. 손질한 삼치와 단새우는 접시에 가지런히 담습니다.

2. 레몬즙을 충분히 뿌리고 소금, 후춧가루로 간을 합니다.

3. 올리브오일을 뿌려 마무리합니다.

Roasted Autumn Cabbage

가을배추구이

솔트에서 처음 배추구이를 냈을 때 생각이 납니다. 손님들이 양식당에서 구운 배추를 돈을 받고 판다는 것에 깜짝 놀라셨어요. 당시에는 배추구이 같은 메뉴를 내는 레스토랑이 전무하던 시절이었거든요. 욕도 좀 먹었습니다. 하지만 아랑곳하지 않고 계속 배추구이를 냈어요. 제철 배추가 얼마나 달고 맛있는지, 그 배추를 구우면 얼마나 풍미가 살아나는지 한번 맛보면 매료되실 거라고 생각했거든요.

솔트가 처음으로 돈 받고 배추구이를 판 식당이 되었고, 이후 다른 식당에서도 배추를 구워내는 게 유행이 되었습니다. 그만큼 맛있다는 뜻이겠죠. 지금은 배추구이 하는 식당이 꽤 많습니다. 손님들도 기꺼이 제값을 치르고 배추구이를 드시고요.

솔트는 채소를 맛있게 구워내는 식당으로 꽤 유명한 편입니다. 배추구이뿐만 아니라 가지구이, 그린채소구이 등 다양한 제철 채소구이 메뉴가 솔트의 시그니처 중 하나라고 할 수 있습니다.

배추는 가을부터 겨울까지 정말 맛있는 시즌입니다. 배추 자체가 맛있기 때문에 심플하게 굽기만 하면 됩니다. 통으로 가른 배추를 살짝 구워 파르미지아노레지아노 치즈 가루를 뿌린 후 멸치소스에 찍어 먹으면 배추가 이렇게 고급스러운 맛이었나 하고 깜짝 놀랄 거예요.

Ingredients

배추 ¼통, 멸치소스, 올리브오일, 파르미지아노레지아노 치즈 가루, 소금, 후춧가루

멸치소스 멸치젓 2Ts, 다진 마늘 1Ts, 올리브오일 4Ts

Tip | 멸치소스는 모든 재료를 함께 끓인 뒤 블렌더에 갈아주세요.

Recipe

1. 배추는 길게 잘라 소금을 뿌려 4시간 정도 절입니다.
2. 물로 씻어 물기를 빼주세요.
3. 팬에 올리브오일을 두르고 배추를 노릇하게 구워주세요.
4. 멸치소스를 얹은 뒤 치즈 가루를 뿌리고 소금, 후춧가루로 간을 합니다.

Roasted Apple and Olive Oil Ice Cream

구운 사과와 올리브오일 아이스크림

저는 구운 과일을 좋아합니다. 어렸을 때부터 집에서 다양한 과일을 구워 먹으며 자랐거든요. 복숭아, 사과, 살구, 수박, 포도 등 다양하게 먹었는데 신기하게도 과일을 구우면 더 달고 맛있어졌습니다. 살구를 특히 많이 먹었던 기억이 납니다. 구운 살구에 아이스크림을 곁들이면 세상 부러울 게 없었죠.

신선한 생과일은 평소 즐길 수 있으니 한번 색다르게 과일을 구워 드셔보세요. 요즘엔 사과가 제철이니 사과를 응용해도 좋습니다. 팬에 버터를 두르고 사과를 굽는데, 이때 럼주를 넣으면 새콤달콤한 사과 풍미가 더욱 살아납니다. 아이스크림도 한 스쿱 풍성하게 떠서 올리고, 여기에 호두를 뿌리면 더 맛있습니다. 호두는 정과로 만든 후 부숴 사용했는데, 일종의 설탕 호두과자라고 생각하면 될 것 같아요. 과일, 아이스크림, 호두의 각기 다른 식감과 맛이 입안에서 조화를 이루는데 그 맛이 꽤 근사합니다.

훌륭한 식사의 마지막 방점은 항상 멋진 디저트였던 기억이 납니다. 맛있는 디저트로 즐거운 식사를 완성하시기 바랍니다.

Ingredients

사과 2개, 버터, 올리브오일, 설탕 1Ts, 럼주 2Ts, 아이스크림, 호두 정과, 소금, 후춧가루

Tip | 호두 정과는 호두를 설탕과 꿀을 섞어 끓인 뒤 말려서 만든 전통 과자입니다.

Recipe

1. 사과는 잘라서 씨를 제거합니다.
2. 달군 팬에 버터와 올리브오일을 두르고 사과를 올린 뒤 설탕을 뿌려 노릇하게 재빨리 굽습니다.
3. 설탕이 녹으면 럼주를 넣고 플람베를 합니다.
4. 구운 사과, 아이스크림, 호두 정과를 나란히 담고 올리브오일과 소금, 후춧가루를 뿌려 마무리합니다.

Essay

솔트의 가족들

김형규 대표 ——————— 재능 있는 사람은 노력하는 사람을 이길 수 없고, 노력하는 사람은 즐기는 사람에겐 못 당한다고 했습니다. 음식에 대해서라면 홍신애 셰프는 재능과 노력은 물론이고 진심으로 즐기는 그 태도마저 따라올 이가 없는 사람이죠. 그런 사람이 운영하는 식당이 맛이 없을 수는 없을 것 같아요. 밤낮으로 먹고 마시면서 또 머릿속으론 더 맛있는 음식을 상상하고 있는데 말이죠. 곁에서 지켜본 바 솔트가 '맛의 천국'이 된 것은 그저 필연이고 순리인 것 같습니다.

먼저 재능을 살펴보자면 요리 실력은 일단 먹는 데서 나옵니다. 맛있는 걸 먹어봐야 그 맛을 알고 또 재현할 수 있는 법이니까요. 그런 점에서 홍신애 셰프는 복받은 요리사죠. 평양 출신인 그녀의 집안은 유복한데다 먹는 데 쏟는 정성이 아주 남달랐습니다. 할아버지, 아버지 손을 잡고 어려서부터 서울 시내 맛집이란 맛집은 다 섭렵하고 다녔어요. 집에서도 철마다 좋은 재료로 맛깔진 이북 음식을 해 먹으며 자랐다고 합니다. 혀에 새겨진 감각은 힘이 세고 오래갑니다. 유년 시절부터 경험한 미식의 원체험은 지금도 요리사 홍신애 셰프가 음식에 대해 고수하는 깐깐하고 높은 기준의 밑바탕이 되었습니다.

그다음은 노력을 이야기하고 싶네요. 오랜 외국 생활과 다양한 경험으로 전 세계 음식에 해박한 홍신애 셰프지만 새로운 메뉴나 화제의 식당은 언제나 그녀의 탐구 대상입니다. 그가 한 해 외식에 쓰는 비용은 어지간한 대기업 직장인 연봉을 쉽게 웃돌죠. 더 나은 맛, 더 감동적인 서비스를 체험하고 배우기 위한 여정엔 솔트의 모든 셰프들이 함께합니다. 최근엔 회사 지원으로 솔트 식구 전체가 이탈리아 미식 여행을 다녀왔어요. 그렇게 견문을 넓히고 동기 부여가 된 셰프들은 다시 신박한 신메뉴를 내놓고 자신감 있는 서비스를 선보입니다. 모두가 즐거워지는 선순환이죠.

재능과 노력을 다 갖춰 성공한 사람도 마음에서부터 일을 사랑하고 즐기지 않으면 결국엔 지치게 마련입니다. 그러나 홍신애 셰프는 번아웃을 몰라요. 맛있는 식재료를 찾아내 요리로 만들고 그걸 더 많은 사람과 나누는 것보다 그를 행복하게 만드는 일이 없기 때문입니다. "오늘은 뭐 먹어?" 홍신애셰프는 매일 아침 출근하자마자 스태프 밀 메뉴를 셰프들에게 묻습니다. 호기심과 기대로 부푼 동그란 눈을 하고서요. 레스토랑 솔트는 건강한 맛, 지속 가능한 맛, 사람을 행복하게 해주는 맛을 파랑새처럼 찾아 헤매는 홍신애 셰프의 좌충우돌이 펼쳐지는 무대입니다. 우리는 한자리 차지하고 앉아 그의 모험이 남긴 맛있는 결과물을 오감으로 음미하기만 하면 됩니다. 어찌 행복하지 아니한가요!?

김창수 셰프 ———— 처음 솔트에 왔을 때 특이하다고 생각한 점이 두 가지 있었습니다
첫 번째는 홀 서비스를 셰프들이 직접 한다는 것과 두 번째는 가게 구조가 독특하다는 점이었습니다. 시간이 오래 흐른 지금, 그 이유가 손님들과의 '소통'을 위해서인 것을 알게 되었습니다.

레시피에 맞춰 맛있게 잘 만들면 되는 요리가 아닌 손님들이 어떤 음료와 먹는지 혹은 다른 음식은 어떤 걸 시키는지 등 많은 상황을 고려하면서 유연하게 만드는 요리가 되어야 한다는 것을 알게 되었습니다.

거기에 저희가 쓰는 재료들이 어떻게 만들어지는지 직접 가서 경험해보고 그 경험을 바탕으로 좋은 요리를 만들어 손님들께 직접 서비스하며 얻는 피드백들이 솔트를 소통의 공간으로 만든 것 같습니다. 앞으로도 솔트에서 다양한 손님들의 취향을 면밀히 관찰하며 늘 행복한 공간으로 만들도록 노력하겠습니다.

유지상 셰프 ———— 솔트는 저의 20대 절반을 보낸 곳입니다. 오랜 기간 근무한 만큼 많은 변화가 있었습니다. 처음 볼 때 이상하다고 생각했던 빈티지 그릇과 식기들은 어느새 저희 집 주방에서 사용하고 있고, 별로 좋아하지 않던 와인도 요즘은 매일매일 먹고 있습니다. 이미 집안에 와인 셀러까지 장만했어요!

식재료에 대한 이해와 서비스, 사람들과의 관계 형성까지 솔트에 근무하면서 많은 영향을 받았고 지금의 저를 있게 해준 곳입니다. 솔트의 주방은 항상 웃음이 넘치고 셰프들은 밝은 분위기 속에서 일합니다! 아마 이 점이 이곳에서 오랫동안 일을 할 수 있는 이유인 것 같아요. 앞으로 더욱 즐겁게 요리할 수 있는 변하지 않는 솔트가 되도록 하겠습니다!

김신영 셰프 ———— 솔트에서 이제 막 사계절을 보내고 다시 겨울을 맞이하면서 이런 생각이 들었어요. 봄이면 멸치를 다듬고 여름에는 동전복을 손질하고 가을엔 무화과 샐러드를, 겨울엔 살이 통통히 오른 석화를 손질하는 일… 제철 재료를 제 손으로 다듬고 요리해서 손님께 내어드리는 이 일이 얼마나 값진 경험인가를. 홍신애 선생님께서는 항상 이런 걸 다 해주는 너희가 참 대견하다고 말씀하시는데, 저는 이런 것들을 직접 경험하게 해주시는 선생님께 감사할 따름입니다. 어쩌면 평생 모르고 살았을 것들을 계절마다 경험하고 있으니까요!

솔트 식구가 된 지 이제 1년밖에 안 된, 그리고 요리사 경력도 이제 막 1년이 지난 햇병아리 솔트의 막내로서 이제부터 시작이라는 생각이 듭니다. 아직 하고 싶은 것도 많고 해야 할 일도 많지만 솔트와 함께라면 그리고 우리 솔트 식구들과 함께라면 뭐든지 할 수 있을 것만 같아요. 그냥 솔트의 셰프라는 명함만으로도 든든하고 자랑스러워요!

Part 4

Winter
in Salt

솔트의 겨울

Roasted Red Scallop

비단가리비찜

솔트에서 내는 대부분의 요리는 밑간을 하지 않습니다. 이는 저희 식당, 솔트라는 이름과도 연관이 있는데요. 많은 분들이 소금에는 짠맛만 있다고 생각하세요. 하지만 소금에는 짠맛 외에도 다양한 맛이 있습니다. 이 다양한 소금의 맛을 제철 식재료와 매칭해 풍부한 맛을 내는 요리로 만드는 게 솔트의 특징입니다. 그래서 재료에 밑간을 하지 않고 본 요리를 만들 때 간을 완성하면, 음식을 입에 넣고 씹는 순간 소금의 다양한 맛이 재료와 함께 어우러지면서 더 풍성한 맛을 느낄 수 있습니다. 그래서 저는 메뉴를 개발할 때 재료와 소금의 상관관계에 대해 먼저 고민하는 편입니다.

바다에서 나오는 재료는 특히 소금 사용에 민감합니다. 해산물에는 약간의 짠맛이 있는데요. 바닷물 자체에 염분이 있으니 해산물도 자체 간을 보유하고 있다고 보면 됩니다. 그래서 요리할 때마다 해산물이 갖고 있는 간을 염두에 둡니다.

비단가리비찜을 할 때에는 소금을 따로 뿌리지 않습니다. 그러면 맛 자체가 극도로 담백해지는데, 갈릭 칠리소스를 뿌려 맛에 포인트를 줍니다. 비단가리비찜은 내장까지 다 먹는 요리로, 내장의 짭조름한 맛과 잘 어우러질 수 있는 소스를 개발한 것이죠. 마늘을 바삭하게 볶으면 단맛이 증가하고 크리스피한 질감이 느껴지는데, 비단가리비의 보드라운 식감과 아주 잘 어울려 개발하게 되었습니다.

조개를 사면 해감한다고 물에 많이 담가두시죠? 솔트는 비단가리비찜을 할 때 해감을 따로 하지 않습니다. 조개류는 물에 오래 담가두면 맛도 없어지고 생명력도 사라집니다. 싱싱한 맛에 먹는 음식인데, 처음부터 맛을 빼버리면 안 되잖아요. 저희는 물에 한 번 깨끗이 씻은 후 완전히 물기를 빼서 냉장 온도에 보관합니다. 비단가리비는 따로 해감이 필요없어요. 잘 씻어주기만 하면 됩니다.

비단가리비찜은 제철일 때에만 할 수 있는 요리예요. 찬바람이 불기 시작하는 11월부터 2~3월까지 맛나게 먹을 수 있죠. 달디단 비단가리비의 뽀얀 속살에 갈릭 칠리소스와 어우러지는 환상적인 궁합, 생각만 해도 입안에 군침이 돕니다.

Ingredients

비단가리비 15개, 올리브오일 5Ts, 다진 마늘 3Ts, 다진 페페론치노 3Ts, 간장, 소금, 이탈리안 파슬리

Tip | 프라이팬을 이용한다면 팬 뚜껑을 덮고 와인 3Ts을 넣은 뒤 찌듯이 굽습니다. 소스는 고추와 마늘을 약한 불에 오래 볶아 수분을 날린 뒤 단맛을 살리는 것이 포인트입니다.

Recipe

1. 찬물에 비단가리비를 깨끗이 씻은 뒤 냉장고에 넣어둡니다.
2. 오븐 팬에 비단가리비를 넣고 200도로 예열한 오븐에서 6분간 찝니다.
3. 팬에 올리브오일을 두른 후 다진 마늘, 다진 페페론치노를 볶다 소금과 간장으로 간해 소스를 만듭니다.
4. 찐 비단가리비에 소스와 이탈리안 파슬리를 얹어 완성합니다.

Mackerel
Pasta

고등어파스타

싱싱한 고등어가 생물로 들어오면 제일 먼저 회를 떠서 먹습니다. 고등어회의 참맛을 안다면, 그 고소하고 달콤한 맛에 저절로 입맛을 다시게 되죠. 한쪽은 회를 뜨고, 다른 한쪽은 파스타에 쓰기 위해 특별한 손질을 시작합니다. 고등어의 배받이살, 옆 살, 통뼈를 제거한 몸통살 등 각 부위별로 살을 발라내죠. 그런 다음 비닐에 넣어 진공 상태로 만든 후 영하 27도의 냉동고에 넣어 얼립니다. 요리할 때에는 냉동고에서 꺼내 해동하는데, 냉동이 완전히 풀리지 않아 살짝 얼음이 낀 상태에서 사용하는 게 포인트예요.

요리를 오래하면 노하우가 생기는데요. 특히 저는 '보관'에 관해서 민감한 촉수가 살아납니다. 문어 등의 해산물, 소고기 등의 육류는 때로 숙성이 다일 때가 있는데 고등어도 마찬가지예요. 냉동한 상태에서 해동시킬 때의 어떤 지점, 그 분명한 지점을 찾아내 요리를 하는 거죠. 이 상태의 고등어를 파스타에 사용하면 특유의 부드럽고 고소한 맛이 살아납니다. 흔히 고등어 비린내를 잡기 위해 그릴에 구워 바삭하게 사용하는데, 솔트는 반대입니다. 촉촉한 고등어살을 만드는 데 초점을 맞추죠.

또 하나의 포인트는 대파의 흰 부분만 사용한다는 겁니다. 대파 흰 부분으로 파기름을 내고, 거기에 고등어 껍질 부분을 먼저 닿게 해서 바싹 익힙니다. 그다음 파스타 면수에 넣고 조림하듯 끓이면 고등어살 특유의 빽빽함은 사라지고 부드럽게 조리됩니다.

스파게티 면은 이탈리아 그라냐노 지방에서 생산된 것을 씁니다. 그라냐노는 이탈리아에서도 면 생산으로 유명한 곳으로, 면 만드는 장인들이 모여 있습니다. 이분들이 직접 면을 생산해내죠. 저는 이곳에서 홍신애 이름 석 자를 넣어 발행해준 인증서를 갖고 있습니다. 그라냐노파스타면협회에서 인정받은 소비자인 거죠. 굉장히 비싸고, 그래서 보통의 파스타 업장에서는 수지가 맞지 않아 거의 쓰지 않는 면을 사용하니 이런 인증서를 받게 됩니다. 솔트 스태프들은 제게 "돈 벌 생각이 없는 거냐?"고 묻기도 합니다. 하지만 저는 파스타 요리에서 제일 중요한 것은 면의 품질이라 생각합니다.

Ingredients

스파게티 면 110g, 고등어 1마리, 대파 흰 부분 1대, 올리브오일, 면수 200ml, 소금, 후춧가루

Tip | 면수는 찌개처럼 짜글짜글 끓이는 것이 포인트입니다.

Recipe

1. 스파게티 면은 삶은 뒤 면수를 따로 준비해둡니다.
2. 고등어는 손질해 3장뜨기하고 대파는 먹기 좋게 썹니다.
3. 팬에 올리브오일을 두르고 대파를 볶아 기름을 내고 고등어 껍질 부분이 바닥을 향하도록 올려 익힙니다.
4. 고등어가 살짝 익기 시작하면 뒤집어 굽다가 면수를 넣습니다.
5. 면수가 끓어 고등어 기름이 나오면 삶은 면과 올리브오일을 넣고 치대면서 익힙니다.
6. 소금, 후춧가루로 간을 합니다.

Bolognese Pasta

볼로네제파스타

볼로네제는 소고기와 토마토를 오랫동안 뭉근히 졸여 사용합니다. 진하고 묵직한, 그러면서도 부드러운 고기 식감에 토마토의 상큼함이 어우러져 특별한 맛을 내는 소스가 바로 볼로네제죠. 이탈리아 에밀리아로마냐주의 주도인 볼로냐에서 탄생된 소스라 볼로네제라는 이름이 붙었습니다.

솔트는 소고기를 부위별로 납품받지 않고 소의 몸통 절반을 통째 들여옵니다. 덩어리째 들어온 소고기는 용도에 따라 직접 정형해서 사용하고 있고요. 가장 중요한 부위라 할 수 있는 스테이크용을 떼어두고 나면 소고기찜을 할 수 있는 살코기 부위가 나옵니다. 이 살코기를 잘게 다져 오랫동안 푹 끓이는 게 솔트 볼로네제의 포인트입니다. 하루 종일, 마치 사골 국물 우리듯이 한참을 불 위에서 익혀야 합니다.

면은 상황에 따라 다양한 종류를 사용합니다. 이번에 사용한 면은 리가토니예요. 리가토니는 원통형 쇼트 파스타인데, 면이 굵고 넓어 속을 채워 먹는 파스타에 잘 어울리죠. 볼로네제 소스와 잘 어울리는 면이기도 합니다. 리가토니 특유의 쫄깃한 식감이 오랫동안 푹 끓인 볼로네제의 짭조름한 맛과 섞여 입안에 넣고 씹을수록 감칠맛을 선사합니다. 오랫동안 끓인 한우에서 우러난 깊고 진하고 풍성한 소스 맛, 여기에 구수한 면이 어우러지는 정통 볼로네제파스타입니다.

Ingredients

리가토니 면 110g, 다진 등심 200g, 다진 마늘 1Ts, 다진 양파 4Ts, 다진 셀러리 2Ts, 파(자투리), 레드 와인 혹은 청주 2Ts, 홀토마토 500g(1캔), 간장 2Ts, 타임, 로즈메리, 파르미지아노레지아노 치즈 가루 200g, 올리브오일, 소금, 후춧가루

Recipe

1. 리가토니 면은 삶아 준비합니다.
2. 팬에 올리브오일을 두르고 다진 마늘, 다진 양파, 다진 셀러리, 파 자투리를 볶습니다.
3. 다진 등심을 넣고 볶다가 소금, 후춧가루로 간한 뒤 레드 와인이나 청주를 넣고 익힙니다.
4. 고기가 어느 정도 익으면 홀토마토를 넣고 소금, 후춧가루로 간합니다.
5. 양조간장과 타임, 로즈메리, 파르미지아노레지아노 치즈 가루를 넣고 함께 끓입니다.
6. 허브를 건져낸 후 면을 치대면서 볶습니다.
7. 그릇에 면을 담고 파르미지아노레지아노 치즈 가루를 뿌려 완성합니다.

Mussel Stew

섭스튜

'섭'은 우리말로 자연산 홍합을 의미합니다. 시장이나 마트에서 흔히 보는 홍합은 '지중해 담치'인데, 우리는 그냥 홍합이라고 통칭해서 쓰고 있죠. 일반적으로 홍합은 양식이라는 의미가 강하며, '섭'이라고 부르면 해녀가 바닷속에서 직접 채취한 자연산 토종 홍합을 의미한다고 보면 됩니다.

섭은 연안에서도 나지만 해안가에서 멀리 나가 깊은 바다에서 따 온 것을 상품으로 칩니다. 특히 해녀가 딴 섭이라면 두말할 것도 없이 최고입니다. 섭은 원한다고 해서 매번 구할 수 있는 재료가 아닙니다. 바다 사정에 따라, 해녀가 물질을 할 수 있는지 없는지에 따라 딸 수도 있고 못 딸 수도 있지요. 그래서 섭은 더 귀한 바다 식재료입니다.

섭을 처음 맛보면 그 특이한 식감과 맛에 깜짝 놀랍니다. 겉으로 보기엔 홍합처럼 생겼는데 먹어보면 고기 맛이 나거든요. 크기도 무척 큽니다. 어떤 때는, 약간 과장을 더하면 제 머리통만 한 섭이 올라올 때도 있습니다. 가격도 지중해 담치에 비하면 어마어마하게 비쌉니다. 귀한 재료의 특성상 섭 요리는 겨울 한철에만 내고 있습니다.

한번은 단골손님께 섭스튜를 낸 적이 있습니다. 한 마리에 1kg 정도 나가는 커다란 섭이었는데, 이 모습을 처음 본 손님은 "징그럽다"며 손사래를 치셨죠. 하지만 드시고 난 후 그 맛에 완전히 매료되어 겨울철만 되면 섭스튜를 찾습니다. 섭 맛을 보고 나니 일반 홍합은 못 먹겠다고 하면서요. 그만큼 섭은 한번 빠지면 헤어나기 힘들 정도로 맛있습니다.

섭이 나오지 않을 때, 피치 못해서 지중해 담치를 사용한 적도 있는데 그러면 대번에 알아보시죠. 섭이 아니라는 것을요. 그러니 꼭 한겨울, 솔트에서 만드는 섭스튜로 새로운 홍합 맛의 세상에 빠져보시길 바랍니다!

Ingredients

섭 12개, 다진 마늘 ½Ts, 다진 양파 2Ts, 다진 셀러리 1Ts, 다진 대파 2Ts, 화이트 와인 200ml, 생크림 100ml, 셀러리 속대, 페페론치노, 로즈메리, 올리브오일

Recipe

1. 팬에 올리브오일을 두르고 다진 마늘, 다진 양파, 다진 셀러리, 다진 대파를 볶다 섭을 넣고 볶습니다.
2. 화이트 와인을 넣고 뚜껑을 덮어 1분간 끓입니다.
3. 섭이 입을 벌리면 생크림과 셀러리 속대를 넣고 끓입니다.
4. 페페론치노와 로즈메리를 넣어 완성합니다.

Gluten-free Brownie

밀가루를 넣지 않은 초콜릿 브라우니입니다.
솔트 고객들에게 인기 만점이죠.

이 브라우니의 특징은 질 좋은 버터와 설탕, 58%
카카오만을 쓴다는 것이죠. 소금으로 간하는 것
외에는 아무것도 넣지 않습니다. 그 흔한 바닐라 향도
들어가지 않습니다. 오로지 최상급 버터와 설탕, 카카오,
달걀만으로 맛과 풍미를 내는데, 이렇게 하면 양질의
초콜릿 맛이 돋보이는 디저트 케이크를 만들 수 있습니다. 어떻게 보면 완벽한 키토식
케이크라고도 할 수 있겠네요.

브라우니를 즐기는 저만의 방식을 살짝 공개할게요. 집에 혼자 있을 때 케이크 위에
럼주를 붓고 아이스크림을 올려 먹습니다. 여기에 와인 한 잔 곁들이면 하루의 피로가
눈 녹듯이 사라집니다. 행복감이 물밀듯 밀려오죠. 이 맛에 요리하고, 먹고 사는가
봅니다.

글루텐프리 브라우니

Ingredients

초콜릿(벨지움 버튼, 다크 커버처) 400g,
버터(AOP) 200g, 설탕 100g, 소금 ¼Ts,
달걀 6개, 소금

Tip | 반죽 표면에 소금을 뿌리면 지방이
분리되면서 크랙이 생깁니다.

Recipe

1. 냄비에 초콜릿과 버터를 넣고 중탕합니다.

2. 초콜릿과 버터가 녹으면 설탕을 넣고 섞다가 소금을 넣습니다.

3. 미지근한 상태에서 달걀을 1개씩 넣고 저으면서 잘 섞습니다.

4. 틀에 유산지를 깔고 반죽을 올린 후 표면에 소금을 뿌려 180도로 예열한 오븐에서 20분간 구워
완성합니다.

Cod Roe
Pasta

명란파스타

솔트 초창기 시절에 만든 명란파스타는 지금과 달랐습니다. 그땐 파스타 색깔이 불그스레했습니다. 명란 때문이었습니다. 동해안 명란 등 좋다고 소문난 명란을 다양하게 써봤지만 대부분 색소가 과하게 사용되었거나 조미료 맛이 강했습니다. 그래서 파스타에 명란을 구워 올리는 방식으로 우회했죠.

그 후 명란 맛을 제대로 느낄 수 있는 제품을 찾아 헤매던 중 부산의 덕화명란을 만나게 되었습니다. 옛날 방식으로 만드는 염도 4%대의 저염 명란이었죠. 비린 맛이 없고 부드러워 요리에 사용하기 좋았습니다. 솔트는 덕화명란 창업자의 아들인 장종수 명인에게 특별히 부탁해 만든 주문 제작 명란을 받아옵니다. 그래서 메뉴판 요리 이름 옆에 '덕화명란'이라고 별도로 표기도 해두었습니다. 감칠맛이 일품인 명란에 버무린 스파게티 면, 그 위에 명란을 살포시 얹어 마무리했습니다. 고급스럽고 감칠맛 나는 명란파스타가 탄생한 것이죠.

솔트는 파스타에 김치를 곁들여 내는 것으로 유명합니다. 보통은 평양식 육수김치를 내는데, 명란파스타에는 깍두기를 곁들이기도 하죠. 명란과 깍두기가 찰떡 궁합처럼 잘 어울립니다.

Ingredients

스파게티 면 110g, 대파 흰 부분 1대, 면수 200ml, 명란젓 3Ts, 올리브오일, 파슬리, 후춧가루

Recipe

1. 면은 삶은 뒤 면수를 따로 준비해둡니다.
2. 팬에 올리브오일을 두르고 대파 흰 부분을 노릇하게 볶습니다.
3. 볶은 대파에 면수를 넣고 끓으면 껍질을 벗긴 명란젓 2Ts을 넣습니다.
4. 명란이 익으면 삶은 면을 넣고 치대면서 올리브오일 3Ts을 두르고 익힙니다.
5. 남은 명란을 가니시로 올린 후 올리브오일과 후춧가루, 파슬리를 뿌려 완성합니다.

Grilled Jeju Organic Vegetables

제주한그릇

제주에서 나는 유기농 채소와 전복 등 해산물로 요리한 음식입니다. 제주한그릇은 이름에서 연상되다시피, 한라산을 형상화한 플레이팅이 특징입니다.

특히 이 메뉴는 제철 재료를 사용하는 게 중요합니다. 겨울의 제주산 당근은 그 달달한 맛이 일품이죠. 퓌레 상태로 만들어 베이스로 쓰는데, 소금과 후추로만 간합니다. 정말 좋은 식재료는 소금과 후추만 사용해도 최고의 맛을 낼 수 있음을 제철 제주 당근이 보여줍니다. 당근 퓌레가 가진 적당한 농도와 달콤한 맛은 다른 채소들과 어우러져 환상적인 맛을 냅니다. 당근 외에 브로콜리, 양배추, 한라산 표고버섯, 콜리플라워 등 겨울 제철 채소를 주로 쓰고요. 곁들이는 해산물은 그때그때 달라지는데 문어가 들어갈 때도 있고, 전복이나 새우가 올라갈 때도 있습니다.

제주한그릇은 메뉴 개발 후 인스타그램에 먼저 올렸다가, 그 폭발적인 반응에 깜짝 놀란 요리이기도 합니다. 정식 메뉴판에 올리기도 전에 "인스타그램에서 봤으니 그걸 주세요" 하는 손님이 무척 많았어요. 음식을 먹고 나면 "평소에 채소는 잘 먹지 않는데, 여기에 나온 채소는 왜 이렇게 맛있느냐"며 놀라곤 하십니다.

제주에서도 유기농으로 유명한 농장을 찾아냈고, 이곳에서 재료를 받고 있습니다. 요리하다 보면 '역시 제주산!'이라는 생각을 떨칠 수가 없습니다. 육지에서 난 재료와는 수준 자체가 다르다고 할까요? 왜 그런지는 알 수 없지만, 아무튼 이곳의 재료에 매료되곤 합니다. 당근은 제주에서 친환경 농산물로 유명한 제주로의 농부여행, 표고버섯은 보림 농장, 그리고 나머지 채소들은 고동일 농장에서 받고 있습니다.

제주한그릇을 드시고 난 손님께서 "안 먹고 갔으면 큰일날 뻔했다!"고 말씀해주실 때가 있습니다. 좋은 제철 식재료를 찾아내고, 거기에 어울리는 메뉴를 개발하며 들인 노력을 고객이 알아주면 그것처럼 감사할 때가 없습니다. 아마도 요리사는 이 맛에 음식을 하는 거겠죠.

Ingredients

제철 채소(콜리플라워, 브로콜리, 양배추, 비트), 전복(완도전복 혹은 제주전복), 표고버섯, 당근 퓌레, 파르미지아노레지아노 치즈 가루, 올리브오일

Recipe

1. 콜리플라워와 브로콜리, 양배추, 비트는 끓는 물에 살짝 데친 뒤 굽습니다.
2. 팬에 올리브오일을 두르고 전복과 표고버섯을 굽습니다.
3. 그릇에 당근 퓌레를 한라산 모양으로 담은 후 파르미지아노레지아노 치즈 가루를 뿌려 눈을 표현합니다.
4. 재료들을 제주도 지도로 표현해 담아 완성합니다.

Daddy's Anchovy Pasta

아빠멸치파스타

아빠멸치파스타는 독특한 이름 못지않게 맛도 특이합니다. 아빠멸치는 뼛속까지 바다 '싸나이'인 홍명완 선장이 잡는 멸치 브랜드 이름입니다. 자식에게 먹일 수 있는 것만 팔겠다는 의지가 읽히는 대목이죠. 솔트는 홍 선장의 아빠멸치를 받아 파스타 메뉴를 개발했습니다.

멸치는 두 가지를 사용해요. 큰 멸치는 소금에 절여 사용하는데, 안초비 스타일이라고 보시면 됩니다. 스파게티 면을 여기에 섞어서 사용하고요. 세멸이라고 부르는 작은 멸치는 튀겨서 면 위에 토핑으로 얹습니다. 바삭하게 튀긴 세멸을 면 위에 넘치게 올리죠.

핵심은 참기름입니다. 올리브오일 대신 참기름을 넣는데, 우리나라 참기름이 이런 맛을 낸다는 것에 놀라곤 합니다. 아빠멸치파스타를 먹고 난 후 최고의 반응을 보이는 분들은 외국인입니다. 한국에서 이런 독특한 맛의 파스타를 먹을 수 있다는 것에 놀라시죠. 외국에서 공부하고 돌아온 유학파에게도 인정을 받습니다.

참기름이 과하지 않은 맛을 내고, 멸치소스의 짭조름한 맛이 뒤따라오며, 셀러리 속대의 향긋함이 끝맛을 이룹니다. 다층적인 맛이 겹겹이 레이어를 이루고 있다고 할까요? 그 가운데서 동서양의 조화로운 맛이 느껴지는 게 아빠멸치파스타의 특징입니다.

Ingredients

스파게티 면 110g, 멸치소스 1Ts, 대파 흰 부분 1대, 면수 200ml, 파르미지아노레지아노 치즈 가루 1Ts, 세멸 30g, 올리브오일, 참기름, 깻잎 혹은 바질, 파슬리, 셀러리 속대

멸치소스 멸치젓 2Ts, 다진 마늘 1Ts, 올리브오일 4Ts

Recipe

1. 면은 삶은 뒤 면수를 따로 준비해둡니다.
2. 멸치젓을 다진 마늘과 올리브오일과 함께 끓인 뒤 믹서에 갈아 멸치소스를 만듭니다.
3. 팬에 대파를 볶다가 면수를 붓고 멸치소스, 파르미지아노레지아노 치즈 가루와 함께 끓입니다.
4. 삶은 면을 넣고 올리브오일과 함께 치대면서 오일 파스타를 만듭니다.
5. 세멸을 기름에 튀긴 후 가니시로 올립니다.
6. 참기름을 두르고 깻잎이나 바질, 파슬리, 셀러리 속대를 올려 완성합니다.

Salt Tiramisu

솔트티라미수

이 티라미수 때문에 팔뚝이 굵어진 것 같아요. 일반적인 티라미수 케이크와 다르게 만들었거든요. 저희는 생크림을 전혀 쓰지 않고 마스카포네 치즈만으로 만듭니다. 생크림을 넣은 티라미수는 형태는 물론이고 텍스처도 없어서 입에 넣으면 순식간에 사라집니다. 그 느끼한 맛과 느낌이 싫어서 또 제 마음대로 만들고 말았는데, 손님들의 반응이 워낙 좋아 솔트의 시그니처 디저트가 되었습니다.

마스카포네 치즈에 소금과 설탕만 넣어 반죽합니다. 믹서나 그 외 기계를 쓰지 않고 오직 손으로만 돌립니다. 기계를 쓰면 특유의 쫀쫀한 질감이 나오지 않습니다. 그러니 힘들어도 손으로 돌리는 수밖에 없지요. 아침에 출근하면 스태프들이 티라미수 반죽을 손으로 돌리고 있는 장면을 보는데, 아들이 한국에 오면 아르바이트로 종종 시키곤 합니다.

티라미수를 뒤덮는 초콜릿 파우더 가루도 사용하지 않습니다. 케이크를 먹을 때 목에 '컥'하고 걸리는 게 싫었거든요. 대신 계피 스틱과 육두구를 그 자리에서 갈아 냅니다. 막 갈린 계피 스틱과 육두구 향이 정말 좋습니다. 딸기가 많이 나는 겨울에는 예쁜 딸기를 올립니다. 여름에는 구운 수박이나 블루베리를 올리고, 가을에는 곶감이나 무화과 등을 올리기도 하고요. 계절에 따라 가장 맛있는 과일을 서빙하죠.
그리고 마지막으로 올리브오일을 뿌려서 먹습니다. 신선한 올리브오일이 어우러진 솔트 티라미수의 진한 풍미가 일품입니다.

Ingredients

마스카포네 치즈 500g, 설탕 150g,
레이디핑거(이탈리아 계란과자) 12개,
에스프레소 커피 250ml, 계피 스틱, 육두구,
다크 초콜릿, 올리브오일, 소금

Tip | 취향에 따라 계절 과일을
곁들여 드세요.

Recipe

1. 마스카포네 치즈에 설탕을 넣고 계속 저어 설탕을 완전히 녹입니다.
2. 레이디핑거를 에스프레소 커피에 적셔 그릇에 담습니다.
3. 2에 1을 펼쳐 올린 후 표면에 소금을 고루 뿌립니다.
4. 그레이터로 계피 스틱, 육두구, 다크 초콜릿을 갈아 뿌립니다.
5. 올리브오일을 뿌려 완성합니다.

Fish and Chips Not in England

영국인의 소울 푸드로 통하는 피시앤칩스는 흰 살 생선 튀김에 프렌치프라이를 곁들여 먹는 요리입니다. 솔트에서도 피시앤칩스를 만들고 있습니다. '영국에도 없는 피시앤칩스'는 솔트에서 오랫동안 사랑받아온 시그니처 메뉴입니다.

저희는 달고기를 사용해 피시앤칩스를 만듭니다. 몸통에 까만 반점이 있는데, 하늘에 뜬 달처럼 보인다고 해서 이런 이름이 붙었습니다. 제가 피시앤칩스에 달고기를 쓰게 된 건 할머니 덕분입니다.
할머니는 평양 출신으로, 피란 시절 부산에서 산 적이 있습니다. 이때 달고기를 알게 되었고, 제사상에 달고기전을 부쳐 올렸다고 합니다. 당시에는 이북에서 사용하던 흰 살 생선이 귀하고 비쌌으니, 아무도 거들떠보지 않던 값싼 달고기를 사용한 거죠.

영국에도 없는 피시앤칩스

달고기는 외국에서 비싸고 귀한 생선으로 통하는데, 우리나라에서는 다소 특이한 외모 때문에 대접을 받지 못하다가 별안간 귀하신 몸이 되어버렸습니다. 문재인 대통령이 주최한 청와대 만찬에 달고기가 올랐거든요. 달고기를 납품한 어부가 유명세를 타면서 달고기 인기가 급상승했고, 품귀 현상이 벌어지며 가격이 폭등하기도 했습니다.

'영국에도 없는 피시앤칩스'의 특징은 소스입니다. 저희는 고추장을 베이스로 한 소스를 냅니다. 고추장에 달걀노른자와 올리브오일, 마늘 등을 섞어 만드는데 이 소스가 달고기 튀김의 기름진 맛을 확 잡아줍니다. 소스 하나로 솔트의 피시앤칩스는 세상 어디에서도 찾아볼 수 없는 메뉴로 각인되었습니다. 당시 손님들께 엄청난 칭찬을 들었던 기억이 납니다. 소스 개발 이후 '영국에도 없는 피시앤칩스'의 매출은 급상승했고, 긴 세월 동안 솔트의 베스트 메뉴에서 내려오지 않고 있습니다.

Ingredients

달고기 필레 7쪽, 가재새우살 6개,
청량고추 슬라이스 1개 분량, 소금, 후춧가루

튀김옷 옥수수전분 6Ts, 박력분 1Ts,
베이킹파우더 ¼Ts, 맥주 80ml

고추장소스 고추장 2Ts, 올리브오일 100ml,
달걀노른자 1개, 구운 마늘 4쪽, 설탕 1Ts,
디종 머스터드 ½Ts

Recipe

1. 고추장소스 재료를 믹서에 갈아 소스를 만드세요.
2. 튀김옷 재료를 섞어 튀김옷을 만듭니다.
3. 달고기와 가재새우에 튀김옷을 입혀 180도로 달군 기름에 바삭하게 튀겨주세요.
4. 피시앤칩스에 소금, 후춧가루로 간을 하고 고추장소스와 청양고추 슬라이스를 곁들입니다.

Tip | 튀김을 할 때 재료에 밑간을 하기보다 다 튀기고 나서 소금, 후춧가루를 뿌려
간을 하면 훨씬 담백하고 맛있게 드실 수 있습니다.

Winter Cabbage Soup

겨울양배추수프

솔트를 찾는 손님들께 정성 들여 끓여낸 수프를 대접하면 그렇게 좋아하실 수가 없습니다. 따뜻한 수프 한 그릇이 영혼을 위로한다는 말, 가끔 그 말을 믿고 싶어질 정도예요.

솔트는 제철에 나는 다양한 채소를 공급받습니다. 국내 최고의 산지라고 할 만한 곳들, 특히 제주도에서 나는 유기농 채소를 주로 받아 사용합니다. 이렇게 종류가 다양한 채소를 모두 모아 솔트만의 수프를 끓입니다. 주재료는 양배추, 여기에 각종 채소를 말 그대로 '때려넣고' 달달 볶은 후 오래 뭉근히 졸여냅니다. 채소에서 나오는 엑기스 맛이 훌륭해 많은 분들이 좋아하시죠.

양배추가 가장 맛있을 때는 겨울입니다. 달달하고 아삭한 맛이 최고죠. 찬바람이 불어와 코트 깃을 여밀 때, 솔트의 따뜻한 양배추수프를 떠올려보세요. 이 수프, 참 맛있습니다.

Ingredients

양배추 ¼통, 토마토 1개, 당근 1개, 양파 ½개, 초리조 슬라이스 4장, 물 200ml, 생크림 200ml, 우유 200ml, 올리브오일, 소금, 후춧가루

Recipe

1. 준비한 채소는 큼직하게 잘라줍니다.
2. 달군 팬에 올리브오일을 두르고 채소를 볶습니다.
3. 물, 생크림, 우유를 넣고 뭉근하게 끓입니다.
4. 소금, 후춧가루로 간을 해주세요.
5. 다 끓인 수프는 핸드블렌더나 믹서를 활용해 곱게 갈아줍니다.
6. 초리조 슬라이스, 올리브오일, 소금, 후춧가루를 뿌려 마무리합니다.

Essay

솔트의 김치

김치를 대놓고 아낌없이 주는 이탈리안 밥집 솔트. 저도 처음엔 피클을 담가 손님들께 드렸어요. 그런데 피클을 만들 때마다 너무 의심이 드는 거예요. 이렇게 설탕을 많이 넣고 만드는 반찬이 과연 솔트의 요리와 어울릴까? 나중에는 할라페뇨 피클을 캔으로 사다가 손님들께 드렸어요. 그러다 멈췄어요. 아무리 생각해도 달고 신맛이 강점인 피클은 피클 자체가 주인공인 것 같아서요.

반찬이 있는 한국 상차림 문화 때문에 피클이 반드시 필요하다는 논리 외에도 뭔가 리프레싱할 수 있는 신선한 채소를 곁들이면 건강에도 좋고 맛 밸런스도 더 잘 맞는 게 당연하니까요. 그래서 저희 집 김치를 상에 올리기 시작했어요. 저희 집 어르신들이 평양이 고향인지라 고기 육수를 넣고 슴슴하게 익혀 먹는 순한 맛 김치는 어떤 요리와도 잘 맞는다는 확신이 들었거든요.

처음 김치를 손님들께 서비스할 때 다들 어리둥절해하다가 기쁨에 찬 포크질을 시작하시더라고요. 솔트에서는 김치나 깍두기를 포크로 편히 드실 수 있게 옆으로 넓게 펼쳐드려요. 지금은 김치를 같이 내어드리는 것이 어느새 자연스러워졌어요. 손님들도 김치 맛이 너무 강해 요리 맛을 해칠 줄 알았는데 이 평양식 육수 김치는 그렇지 않아서 좋다는 의견이 대부분이에요.

김치를 팔아봐야겠다는 생각은 저에게서 시작되었어요. 어릴 적부터 김장하는 날이면 도망 다니기 일쑤였고 이런 맛없는 걸 왜 먹어야 하는지 몰랐는데 요리를 시작하면서 새삼 김치의 위대함을 발견하게 되었거든요. 특히 저희 집 비법인 한우 육수를 넣어 익힌 김치는 오랫동안 두고 먹어도 계속 아삭아삭 시원한 맛이 유지되거든요.

요즘 '집김치'라는 단어가 생겨날 만큼 김치를 잘 담가 먹지 않는 시대가 되었지만 여전히 많은 사람들이 엄마와 할머니의 손맛을 그리워하죠. 우리 아들들만 해도 제가 김치를 담그는 걸 보면서 자랐음에도 정작 본인들은 김치를 잘 못 담그고요.

요즘 식당에 가면 김치 반찬을 찾아보기 어려워졌어요. 김치는 늘 상에 올라야 하는 당연한 반찬이기 때문에 손님들이 먹든 안 먹든 일단 제공해야 하지요. 그러다 보니 점점 더 싸고 질 안 좋은 김치들이 상에 오르고 또 손님들은 맛이 없어서 외면하는 악순환이 계속되는 거죠. 결국 상차림에서 김치 자체가 빠지는 상황까지 오게 되었습니다. 한식의 근간이 흔들리게 된 거죠.

그래서 김치 밀키트를 구상해보았어요. 김치 담그는 것 자체가 노동이 아닌 하나의 재미라면 김치가 더 사랑받지 않을까. 김장하는 날 고기도 삶고 전도 부치면서 잔칫집처럼 모여 떠들고 먹는 문화도 작게나마 경험할 수 있을 것 같고요. 김장 경험이 없는 아이들 교육용으로도 좋을 것 같아 만들어봤어요. 배추에 소를 넣어 버무리는 소소한 행위가 소중한 김장 문화를 이어가는 데 조금이나마 도움이 되기를 희망합니다.

Part 5

People Who Love the Salt

솔트를 사랑하는 사람들

솔트가 세상에 존재하는 10년 동안 소중한 인연을 맺은 분들이 있습니다.

제가 만드는 음식과 공간을 사랑하고 응원해주신 덕분에 솔트의 10년이

가능했다고 생각합니다. 이분들은 항상 솔트를 사랑한다고 말씀해주시지만

제가 이분들을 더더욱 많이 사랑한다는 사실은 아마 모르실 거예요. 덕분에 행복하고

감사했습니다. 모든 분들을 일일이 소개해드리고 싶지만 시간과 여력이 닿는 분들께 만남을

청해 솔트와 얽힌 이야기를 들어보았습니다. 인생을 살면서 가장 특별한 순간은 언제나

타인으로부터 온다는 이야기를 믿고 있습니다. 앞으로 제 인생의 특별한 순간에 여러분이

함께해 주시길 늘 원하고 바라봅니다.

1세대 인테리어계 대모 신경옥,
그녀가 내어준 공간에
홍신애가 들어왔다!

"언제 와도 편한 곳, 항상 맛있는 집밥이 나오는 솔트"

스타일리스트 신경옥 선생은 우리나라에 인테리어 스타일링 개념이 전무하던 시절 혜성처럼 등장해 업계를 평정한 1세대 인테리어 디자이너다. 오랜 시간 동안 업계에서 일하면서 여전히 현장 감각을 잃지 않는 그녀가 솔트 인터뷰의 첫 번째 주인공이 되어주었다.

솔트가 현재 자리한 논현동 건물은 신경옥 디자이너가 직접 꾸미고 가꾼, 신경옥의 아지트이자 작업실이 있는 곳이기도 하다. 그녀는 2014년 이 건물을 매입해 대대적인 리노베이션을 거친 후 1층과 2층을 홍신애의 솔트에게 내어주었다. 흰색 마니아이기도 한 신경옥의 세상에 홍신애는 샛노랑 컬러를 덧입혔다. 가까이 가야만 들리는 신경옥의 작은 목소리와 조심스러운 분위기에, 생동감으로 똘똘 뭉친 홍신애의 거침 없음은 흰색과 샛노랑의 조화만큼이나 완벽한 대비를 이룬다.

ⓠ 두 분은 어떻게 만나셨는지 궁금합니다.
홍신애 신경옥 선생님께서 본인 건물에서 식당을 할 사람을 찾았고,

제가 거기에 선택되었습니다. (웃음) 저는 이 건물에 들어오기 전까지 신경옥 선생님이 어떤 일을 하시는 분인지 전혀 몰랐어요. 원래 이곳은 삼겹살을 팔던 가게였는데, 신경옥 선생님께서 인수해서서 대대적인 리노베이션 끝에 이 건물이 탄생하게 된 거죠. 선생님께서 리노베이션이 끝나갈 때 지인을 통해 '이곳에 들어와 식당을 할 사람이 없냐?'고 수소문했고, 그분이 저를 추천해주셨어요. 이 건물에서 선생님과 첫 미팅을 했고, 만난 첫날에 주방 구조부터 시작해 식당 설계까지 완전히 끝내고 나왔습니다. 그만큼 신경옥 선생님과 건물이 좋았고, 덕분에 신나게 첫 단추를 채울 수 있었습니다.

ⓠ 솔트 홍신애 셰프를 처음 만났을 때 인상은 어떠셨나요?
신경옥 너무 밝고, 명랑하고, 에너지가 충만한 사람이었어요. 저는 굉장히 내성적인 성격의 소유자입니다. 어릴 적 살던 동네에서 어떤 분이 제 목소리를 단 한번도 들어보지 못하고 이사를 간다고 말씀하실 정도였죠. (웃음) 지금도 여전히 그런 편입니다. 그런데 홍신애 셰프는 저와 반대로 엄청나게 에너지가

넘치죠. 보고 있는 것만으로도 긍정적인 기운을 모두에게 전달하는 사람입니다.

Q 솔트에서 맛본 음식 가운데 기억에 남는 메뉴를 소개해주세요.

신경옥 이곳 음식은 가정식 같아서 좋아요. 작정하고 가서 격식 차리며 먹는 음식이 아니라 언제나 마음 편히 찾아가 맛있는 음식을 먹을 수 있는 곳이 솔트입니다. 이곳은 집처럼 편안하고, 홍신애 씨가 만들어주는 음식은 모두 다 맛있지요. 그중에서도 저는 양념이 많이 된 음식보다는 재료의 장점을 살린 담백한 요리를 좋아하는 편입니다. 이곳에서 항정살구이를 아주 맛있게 먹은 기억이 납니다.

Q 홍신애 셰프는 신경옥 선생님처럼 나이 들고 싶다고 말하곤 합니다. 상대가 누구건 담백하게 배려하는 모습이 너무 좋아 보인다고요. 솔트 10주년을 맞아 홍신애 씨에게 해주고 싶은 말씀이 있을까요?

신경옥 이 건물에 들어올 때마다 홍신애 씨의 기운을 느낍니다. 밝고 명랑하고 에너제틱하지요. 제가 가지지 못한 것을, 가져도 너무 많이 가진 그녀가 부럽기도 하고 예쁘기도 합니다. 요리도 정말 열심히 해요. 좋은 재료 찾아 전국 곳곳을 살피고, 매일 새로운 요리를 개발해 손님들께 대접하고, 책도 내고, 방송 활동도 열심히 하고 정말 부지런하지요. 전 그녀를 볼 때마다 늘 "예쁘다, 예쁘다"고 감탄합니다. 정말 홍신애는 너무 예쁜 여자예요. 그녀처럼 솔트도 열심히, 예쁘게 가꿔가길 바랍니다."

Interview
2

솔트의 오랜 친구들,
가정의학과 박용우&
한의사 왕혜문

"우리는 삼 남매입니다!"

박용우 박사는 요즘 대유행 중인 '간헐적 단식'을 우리나라에 최초로 소개한 의사다. 현재 국내 최고의 비만 전문 명의로 이름을 날리고 있으며 〈황금알〉 등의 TV 인기 프로그램에 나와 비만 치료의 새로운 패러다임을 보여주고 있다. 왕혜문 원장은 다이어트와 해독 전문가로 명성을 떨치며 몸짱, 얼짱 한의사로 유명세를 탔다. 지금도 각종 방송 활동을 통해 건강 정보와 다이어트에 관한 궁금증을 풀어주고 있다.

박용우, 왕혜문, 홍신애 이 세 사람의 인연은 11년 전으로 거슬러 올라간다. 올리브 TV 〈홈메이드쿡〉의 '밥상 닥터' 코너에서 처음 만났는데, 이상하리만치 빨리 친해졌다. 사회생활에서 만나 깊은 우정을 쌓기가 쉽지 않은데 이들은 가족과도 함께 만나고, 아이들이 성장하는 것을 같이 지켜보고, 단체로 여행도 다니며 오랜 시간 추억을 쌓아왔다. 가족보다 더 가족 같은 박용문, 왕혜문, 홍신애 세 사람의 찐우정 스토리.

Q   솔트 10주년을 맞이해 오랜만에 가족들과 함께 모였다고 들었습니다.

박용우 우리는 오랜만에 만나도 늘 어제 봤던 것처럼 반갑지요. 옛정이 있어서 그런 것 같아요. 처음 만났을 때는 정말 자주

만났어요. 일주일에 서너 번씩 만나 맛있는 음식과 술을 나눴죠. 나중엔 가족과도 함께 보고, 여행도 같이 다녔습니다. 신애가 식당을 열었을 때 가장 먼저 방문해 응원도 해주고요. 맛있는 집밥이 먹고 싶으면 늘 떠오르는 곳. 솔트는 우리의 아지트 같은 곳이죠.

왕혜문 처음 만나서 어떻게 이렇게 친해지게 되었을까 곰곰이 생각해보면 '해소'와 '충족'이 이루어졌던 관계 같아요. 당시에는 우리 각자가 쉽지 않은 시기를 보내고 있었죠. 사회생활하면서 힘든 속내를 드러내기 어려웠는데, 우리 세 사람이 만나면서부터 맛난 음식 같이 먹고 힘든 이야기 토로하고, 그러면서 서로 다독여주며 위로받았던 것 같습니다. 그 관계의 중심축을 만들어준 사람은 바로 신애였죠. 늘 든든하게 우리 세 사람을 연결해주었습니다.

홍신애 세 명이 함께 올리브 TV 프로그램을 할 때는 지금처럼 방송 활동을 많이 할 때도, 그리 유명할 때도 아니었어요. 하지만 올리브 TV를 하면서 신기하게도 다들 바빠졌고, 방송 활동도 왕성하게 하게 되었어요. 전보다 더 유명세를 타게 되었죠. 무엇보다 좋은 건 우리가 함께하는 동안 서로 계속 성장할 수 있었고 각자 잘 지낼 수 있게 되었다는 거예요.

별명이 '삼 남매'라고 들었습니다.

박용우 가족들까지 워낙 친하게 지냈으니까요. 오늘도 각자
아이들까지 다 같이 모였는데, 이 아이들이 코흘리개 시절부터
이렇게 성장하기까지 그 과정을 함께 지켜봤어요. 그러니 가족이나
다름없죠. 그런데 신애와 왕혜문 원장은 삼 남매가 아니라 자꾸
세 자매라고 해요. 워낙 잘 통해서. (웃음)

**Q 오랫동안 만나왔으니 누구보다도 홍신애 셰프를 잘 아실 것
같아요. 우리가 모르는 그녀의 모습이 있다면요?**

박용우 항상 밝고 에너지가 넘치고 적극적인 사람이죠. 하지만 그와
동시에 굉장히 여리고 연약한 데가 있어요. 그래서 타인으로부터
상처도 많이 받습니다. 다행히 그런 본인의 약한 부분을 무한 긍정
에너지로 잘 극복해내고 있습니다.

왕혜문 자기 주관이 굉장히 뚜렷한 사람입니다. 자기만의 기준점이
있어서 그 원칙이 확고하고요. 한편으로는 일이나 사람에 대해서
굉장히 개방적이고 잘 품어주는 편인데, 자신의 원칙과 잘
맞아떨어지면 정말 끝내주는 시너지 효과가 발생하죠. 우리가
그랬던 것처럼요.

Q 솔트에서 가장 인상 깊었던 음식은 무엇인가요?

박용우 채소로 만든 음식이나 기름기가 빠진 육류를 좋아하는
편입니다. 솔트의 채소구이와 샐러드 요리는 항상 베스트죠.

왕혜문 갈비찜이 기억에 많이 남아요. 장어 요리, 전복구이,
송이버섯 요리도 좋았습니다. 아, 무엇보다 솔트의 국수가
정말 맛있어요. 메인 요리를 다 먹으면 가끔 디저트로 국수를
만들어주는데, 배가 터질 것 같이 불러도 계속 들어가는 신기한
경험을 해요. 들기름을 넣은 비빔국수가 참 맛있죠.

Q 솔트 10주년을 맞은 감회가 남다르실 것 같습니다.

박용우 솔트는 음식의 '향연'이 무엇인지를 제대로 보여주는
곳이에요. 제가 좋아하는 재료로 요리를 만들어주는데, 처음부터
끝까지 디테일이 살아 있어요. 누군가 나를 위해 정성스럽게
만들어준 요리를 먹을 때는 음식 맛뿐만 아니라 그 사람을 느끼게
됩니다. 솔트를 찾을 때 '오늘은 또 어떤 요리가 나올까?' 기대하는
이유이기도 합니다. 이곳은 제게 집처럼 편안해요. 엄마가

아랫목에서 따뜻하게 데운 밥을 내어주듯 그런 위로와 따뜻함을
느낄 수 있습니다.

왕혜문 저는 우리 몸에 좋은 음식이나 건강한 음식 등 약선 요리를
하는 사람입니다. 약선 요리 전문가로서 신애의 최고 장점은
좋은 식재료를 찾아다니고, 그 재료를 최대한 건강하게 조리해
음식을 만드는 데 집중한다는 것입니다. 음식을 나누고 마음을
들여다보면서 건강함과 행복감을 함께 느낄 수 있죠. 무엇보다
그녀의 강한 에너지에서 힘을 얻는 마법 같은 효과가 있습니다.

김은진 글래드호텔 자문,
김현숙 글래드호텔 마케팅 팀장

"음식 먹으러 왔다가 비즈니스 파트너 된 사연!"

Q 솔트를 처음 알게 된 계기가 궁금합니다.

김은진 친하게 지내는 언니의 소개로 처음 왔어요. 그 언니와 저는 생일이 하루 차이라 생일 파티를 함께하는데, 이곳에서 생일 파티를 열었죠. 언니는 원래부터 홍신애 씨와 친하게 지내고 있었고, 저 역시 인사를 나누며 솔트와 인연을 맺게 되었습니다. 제 친구들과 주변 지인들에게 솔트를 소개시킨 후 저보다 더 단골이 된 분도 많은 것을 보면 확실히 솔트의 파워가 대단하게 느껴집니다.

Q 솔트에 얼마나 자주 오세요?

김은진 한 달에 한두 번 정도요. 언젠가는 일주일에 세 번 방문한 적도 있어요. 솔트 음식을 제 SNS에 포스팅하고 나면 지인들 사이에서 난리가 납니다. 너무 맛있어 보인다고, 꼭 함께 가자고요. 그래서 약속을 서너 개 잡아 똑같은 음식을 여러 번 먹은 적도 많아요. 그래서 요즘은 포스팅을 자제하고 있어요. (웃음) 친구들과 모임이 있을 때에도 솔트를 떠올려요. 여기 2층은 독립적이고 조용해 아지트 같은 분위기를 만들어주거든요. 여럿이 모일 때는 2층에서 먹고 마시며 즐거운 시간을 보냅니다.

Q 솔트 요리의 매력을 알려주세요.

김은진 이탈리아 가정식 같은 편안함이에요. 솔트의 인기 메뉴는 언제 와도 변함없이 그 맛을 즐길 수 있습니다. 반면에 시즌이 바뀔 때는 전에 보지 못했던 신선한 메뉴가 등장해 시선을 사로잡기도 해요. '이번엔 또 어떤 요리일까?' 궁금해지는 묘미가 있죠. 솔트는 항상 신선한 식재료를 그날그날 업데이트해 사용하는데 그게 정말 마음에 들어요.

Q 최근 먹어본 가장 인상적인 요리 하나만 꼽아주세요.

김은진 미나리를 곁들인 한치순대입니다. 한치 뱃속에 달고기 재료가 듬뿍 들어 있는데, 칼로 한치 배를 자를 때 폭포처럼 쏟아져 내리는 장면이 정말 인상적이죠. 사각거리는 미나리의 향긋함과 쫄깃한 한치살, 안을 가득 채운 풍성하고 크리미한 달고기가 정말 조화로웠습니다. 예상치 못한 맛있는 음식을 먹었을 때 느낄 수 있는 신선한 충격을 잊을 수 없네요.

Q 손님으로 인연을 맺어 지금은 비즈니스도 함께한다고 들었습니다.

김은진 음식이 맛있어 함께 일해보면 어떨까 하는 생각이 저절로 들더라고요. 저뿐만 아니라 박명신 글래드호텔 부사장님도 이곳을 무척 좋아하시거든요. 오늘 함께하기로 했는데 개인적인 사정으로 오지 못해 아쉽네요. 저희는 현재 홍신애 셰프와 정식으로 비즈니스 파트너를 맺고 다양한 미식 사업을 전개하고 있어요. 글래드호텔 음식 컨설팅을 받기도 하고, 새로운 메뉴를 개발할 때 자문도 구하고요. 현재 가정 간편식 시장을 겨냥한 음식도 함께 개발하고 있습니다.

Q 솔트 오픈 10주년 기념으로 해주고 싶은 말이 있다면요?

김은진 언제 가도 늘 환영해주고, 매번 맛있는 음식을 만들어주어 감사하죠. 누군가의 인생에 이런 식당이 존재한다는 건 정말 의미 있는 일입니다. 만약 여러분이 진짜 미식가라면 이곳 요리를 꼭 한번 맛보시길 바랍니다. 홍신애 셰프의 미식 세계에 눈뜰 수 있을 거예요.

솔트를 애정하는
전효진, 이지은, 신수현
3인방

"소금으로 맺어진 신기하고 소중한 인연!"

멋과 맛과 풍류를 아는 솔트의 VIP 전효진과 이지은, 신수현.
이 세 사람은 각각 다른 시기에 다른 이유로 솔트와 인연을 맺었다.
하지만 이곳의 음식을 사랑하고, 홍신애의 열정을 적극적으로
지지한다는 점에서 솔트의 찐팬으로 불릴 만하다. 언니 동생 하며
격의 없는 우정을 나누는 세 사람과 홍신애, 그리고 이들에 얽힌
진짜 소금 이야기를 들었다.

Q 세 분 모두 솔트와 특별한 인연이 있다고 들었습니다. 어떤
사연인지 소개해주세요.

이지은 외국 생활을 오래 했고, 한국에 들어온 지 2년 정도 됐어요.
솔트는 신수현 씨 소개로 알게 되었는데, 이곳의 홈메이드 푸드
스타일이 제 입맛을 사로잡았죠. 개인적으로는 매운 음식을
좋아하는 편인데, 솔트에는 매운 요리가 없지만 모든 음식의 간이
딱 맞아 정말 좋아하죠. 그릇도 예쁘고 플레이팅도 멋지고요.
홍신애 씨와는 모임에서 더 친해졌어요. 저녁을 함께했는데
인간적인 면에 반했습니다. 그때부터 솔트의 팬이 됐죠.

신수현 제가 솔트와 인연을 맺은 지는 8년쯤 되었어요. 지인 소개로

왔는데, 방송 활동하는 요리사라는 선입견이 신애를 통해 깨졌죠. 만나 보니 너무 밝고 싹싹하고, 무엇보다 음식과 분위기가 정말 마음에 들었어요. 이곳 팬이 된 후 지인들에게 솔트를 소개했는데 다들 맛있다고 칭찬합니다.

전효진 솔트는 오랫동안 관심을 갖고 지켜보던 식당이에요. 제가 개인적으로 소금과 인연이 깊은데, 소금을 의미하는 솔트를 식당 이름으로 사용한다니 궁금할 수밖에 없었지요. 신애를 직접 알게 된 건 1년 남짓한데, 그녀와 이야기를 나누던 중 이곳에서 사용하는 소금이 저희 집안 가업으로 내려오는 태평염전의 소금이라는 것을 알게 됐어요. 우연도 이런 우연이 없었죠. 서로 소금으로 통하게 되면서 솔트를 더 애정하게 되었죠. 만나면 소금 이야기하느라 정신없어요.(웃음)

Q 솔트는 태평염전에서 생산되는 고급 토판염으로 음식을 만듭니다. 전효진 님이 태평염전의 일원이라고 하니 정말 놀랍네요.

전효진 선대부터 태평염전을 운영해오고 있죠. '솔트연구소'도 있습니다. 제가 소금에 대해 '조금' 안다고 자부할 수 있는 건 그래서예요. 실제로 요식업체도 운영하고 있는데 천일염으로 요리하는 건 정말 어렵습니다. 염도가 매번 조금씩 차이 나고, 마그네슘 함량도 달라지거든요. 언제 어떻게 생산하느냐에 따라 천일염 맛이 미묘하게 변하는데, 이런 천일염의 디테일에 관심과 애정을 갖고 음식하는 사람은 제가 아는 한 신애가 유일해요. 태평염전 소금을 저보다 더 잘 알고, 요리에 열정적으로 사용하죠. 저는 그녀에게 많은 영감을 얻기도 하고, 늘 배우고 갑니다.

Q 솔트에서 인상적이었던 메뉴를 소개해주신다면요?

신수현 파스타 종류는 다 맛있어요. 제철 재료를 사용해 그 시즌의 특별한 메뉴를 선보이는 것도 마음에 들고요. 다른 곳에서는 맛볼 수 없는 음식을 이곳에 와서 맛볼 수 있어 좋아요.

이지은 홍신애 김치입니다. 김치가 너무 시원하고 맛있어요. 홍신애 김치를 밀키트로 담가 먹기도 했는데, 만족도가 높았습니다.

전효진 크리스마스에 집에서 비프웰링턴을 만들었는데, 결과물이 별로였어요. 그때 홍신애 셰프가 있었는데, 한 20분간 뚝딱뚝딱 수정을 하더라고요. 그녀가 리터치한 비프웰링턴을 맛보고 '역시 홍신애다!' 싶었어요. 음식을 기가 막히게 살려냈더라고요.

비프웰링턴은 솔트에서 내는 크리스마스 시그니처 메뉴이기도 하죠. 어쨌든 제겐 정말 잊지 못할 비프웰링턴이었습니다.

Q 솔트 10주년을 맞아 칭찬 한 마디 해주신다면요?

전효진 신애는 재료에 대한 존경이 있어요. 그녀가 요리할 때 태도를 보면 알 수 있어요. 아기 다루듯 살살 조심스럽게, 굉장히 귀하고 소중한 것을 다루는 자세로 임하죠. 소금에 대해서도 마찬가지입니다. 천일염의 개별적인 특징과 맛을 오랫동안 파악해왔고, 요리에 사용하는 노하우를 갖고 있습니다. 소금뿐만 아니라 모든 식재료를 정성스럽게 다루죠. 그녀의 그런 모습을 보고 있으면 정말 예뻐요.

금돼지식당
박수경&박세영 남매

"홍신애 셰프는 우리의 멘토!"

금돼지식당은 식사 시간이 아닐 때에도 문 밖으로 긴 줄이 이어져 문전성시를 이루는 신당동 삼겹살 맛집이다. 동대문시장 상인들을 대상으로 삼겹살과 불고기 등 배달 전문 식당을 운영했던 CEO 박수경 부부와 그녀의 남동생 박세영 씨가 의기투합해 문을 열었고, 오픈과 동시에 화제를 모으며 신당동 핫플로 자리 잡았다. 홍신애 셰프 역시 금돼지식당의 단골이다. 서로 고기라면 죽고 못 사는 육식파인 동시에, 동종 업계 종사자로 힘든 부분을 서로 나눈다. 어려운 시기를 견디며 파이팅하고 있는 세 사람이 모여 모처럼 웃음을 나눴다.

Q **홍신애 셰프와는 어떻게 만나셨나요?**

박수경 유명세는 익히 들어 알고 있었습니다. 방송 활동을 워낙 많이 하셨으니까요. 저희 식당에는 연예인분들도 자주 오세요. TV로만 보던 연예인을 실제로 만나면 기대했던 이미지와 다른 분도 많은데, 홍신애 셰프님 역시 많이 다르시더라고요. (웃음) TV에서 보여지는 것보다 훨씬 밝고 에너지가 엄청난 분이었습니다. 저는 개인적으로 밝고 긍정적인 기운을 가진 분들을 좋아하는데 홍신애 셰프님이 딱 그랬습니다.

Q **동종 업계의 유명 셰프라 긴장하진 않으셨는지 궁금합니다.**

박수경 저는 셰프라기보다 식당을 운영하는 사람에 가깝다고 할 수 있습니다. 동종 업계라고 하기엔 업력이 많이 다르죠. 홍신애 셰프님은 저희가 전적으로 믿고 따르는 분입니다. 새로운 식당을 오픈할 때에도 많은 조언과 아이디어를 주시죠. 저희가 장어를 전문으로 하는 식당을 오픈할 때 홍신애 셰프님이 들깨가루 아이디어를 내셨고, 덕분에 장어덮밥에 응용해 인기를 모을 수 있었습니다.

Q **솔트 음식의 장점은 무엇일까요?**

박수경 개인적으로 파스타나 햄버거, 피자 등을 좋아하는데 이런 음식을 먹으면 속이 안 좋아 고생하는 편이에요. 어느 날 솔트에 가서 파스타를 양껏 먹었는데, 다음 날 속이 전혀 부대끼지 않고 편안한 거예요. 그런 기분을 처음 느껴본 터라 너무 신기해 신애 언니에게 물어봤더니 좋은 소금을 써서 그렇다고 하시더군요. 소금뿐만 아니라 솔트 식재료는 늘 최고의 품질을 추구하니까 먹는 사람 입장에서도 안심하고 먹을 수 있습니다.

박세영 저는 금돼지식당을 하기 전에 양식을 했는데, 베네치아 여행

가서 먹었던 파스타 맛을 솔트에서 느꼈어요. 파스타뿐만 아니라 솔트의 리조또 역시 신세계였어요. 재료의 풍미와 질감이 잘 어우러졌고, 입맛에 정말 잘 맞았죠.

Q 솔트의 베스트 메뉴를 하나 꼽아주신다면요?

박수경 피시앤칩스를 먹을 때마다 고추장소스에 깜짝 놀라요. 흰 살 생선인 달고기튀김과 너무 잘 어우러져 먹을 때마다 "언니, 이건 꼭 시판해야 해!"라고 말하곤 하죠. (웃음)

박세영 홍신애 셰프님 요리는 우리가 상상하는 것을 항상 뛰어넘어요. 창의적으로 요리를 만들어내는데, 그 대표적인 메뉴 중 하나가 피시앤칩스라고 생각합니다.

Q 솔트 10주년을 맞아 홍신애 셰프에게 하고 싶은 말이 있다면요?

박세영 홍신애 셰프님은 수지타산 생각하지 않고 좋은 재료를 듬뿍 사용해 요리를 만듭니다. 제가 보기에도 '이렇게 만들어 남는 게 있을까?' 싶을 정도죠. 하지만 이분은 솔트를 좋아하는 사람들을 위해 진짜 요리를 하는 진짜 셰프죠.

박수경 식당 운영은 정말 좋아하지 않으면 못하는 직업인 것 같아요. 해보니 그렇습니다. (웃음) 솔트가 10년간 이어온 건 홍신애 셰프님이 요리를 사랑하기 때문이라고 생각해요. 한편으로는 그 10년간 얼마나 힘든 일이 많았을까 상상도 되지요. 그래도 솔트가 계속해주었으면 하는 바람을 늘 갖게 됩니다.

탕수육과 홍신애를 사랑하는 사람들, 장재영&강효문&윤지호&박성목

"탕사모의 정신적 지주, 홍신애를 응원합니다!"

전 버버리 한국 대표 장재영, 전 스와로브스키 대표 강효문, 그리고 현 노블레스 미디어 윤지호 국장. 오늘 모인 이 세 사람은 '탕사모' 주역인 동시에 홍신애 셰프를 동생처럼 아끼며 솔트를 지지하는 오랜 멤버들이다. '탕수육을 사랑하는 사람들의 모임' 탕사모는 주기적으로 모여 탕수육 맛집 투어를 다니는데, 그 시작이 홍신애의 솔트였다.

매일 불 앞에서 음식을 하는 '동생' 홍신애가 안쓰러워 "뭐 먹고 싶냐?"고 물었는데 돌아온 대답은 탕수육. 그 후로 서울 시내의 유명하다는 탕수육집은 모두 찾아다니며 맛난 탕수육도 맛보고 친목도 다졌다. 심지어 일본 후쿠오카로 탕사모 단체 여행을 떠나기도 하면서 오누이처럼 지내게 된 이들. 탕사모 깃발 아래 헤쳐 모여온 지 10년이 다 되어가면서 추억이 방울방울 솟아난다. 이들은 언제나 홍신애의 든든한 응원군이자 지원군인 언니, 오빠들이다.

Q 솔트와의 첫 인연을 떠올려보신다면요?

장재영 너무 오래된 일이라 기억이 가물가물합니다. 여기 모인

세 사람이 알고 지낸 건 15~20년 되었고요. 홍신애 셰프와 솔트는 10년 전부터 인연을 맺었습니다. 지인에게 소개받기도 하고, 제가 또 누군가에게 소개도 하면서 그렇게 지금까지 각자의 인연으로 얽혀 들었던 것 같습니다.

Q 탕수육을 사랑하는 사람들의 모임을 결성한 후 어디까지 가보셨는지 궁금합니다.

강효문 한 달에 한 번씩 모여 서울 시내의 탕수육 맛집을 찾아다니곤 했습니다. 더 맛있는 탕수육집을 찾아내겠다며 계속 돌아다녔는데, 그러다가 부산도 가게 됐고 심지어 일본 여행도 떠나게 되었죠. 나중에는 '신애 투어'로 불리기도 했어요.

윤지호 맛있는 집을 찾아내 그곳의 특별한 요리를 추천해주는 건 항상 신애 몫이었죠. 우리는 따라다니면서 먹고 즐기고 돈 내는 역할을 하고요. (웃음) 그녀가 추천해주는 음식은 늘 맛있는데, 하루에 서너 끼를 넘어 대여섯 끼를 먹을 때도 많았어요. 신애가 "어머, 이거는 꼭 먹어봐야 해!"라고 하면 안 먹을 도리가 없었죠. 그런데 먹어보면 정말 맛있거든요. 배는 엄청 부른데 그게 또 계속

들어가는 신기한 경험을 많이도 했습니다. (웃음)

장재영　음식과 요리에는 항상 진심인 사람이 신애입니다.

Q　솔트와 홍신애 셰프의 강점은 무엇이라고 생각하시는지 궁금합니다.

강효문　처음 솔트에 왔을 때 가장 인상 깊었던 것은 신애가 요리를 설명해주는 모습이었어요. 자신이 만든 음식에 자부심을 갖고 있었고, 메뉴 설명을 기가 막힐 정도로 잘했죠. 신애는 식재료에 욕심을 많이 부립니다. 어디서 어떻게 공수해온 재료인지, 그 재료를 이용해 어떻게 요리했는지를 열정적으로 드러내죠. 음식 먹는 입장에서는 설명을 들으면 이해가 훨씬 더 잘되어요. 더 맛있게 느껴지기도 하고요.

장재영　신선한 재료, 그것만큼은 홍신애의 솔트가 자부할 만하죠. 아마 모두들 그렇게 생각할 거예요.

Q　솔트에서 인상 깊었던 요리가 있다면요?

강효문　페타 치즈를 올려서 구운 가지 요리를 좋아해요. 피시앤칩스도 솔트의 자랑이고요. 신애는 제철에 나는 식재료를 정말 잘 이용해서 요리를 만들죠. 그녀가 만든 비프웰링턴도 반할 만합니다. 제 주변 모임이나 지인분께 솔트를 소개하면 모두들 맛있게 먹었다고 칭찬합니다.

윤지호　늘 신선한 재료를 사용하니 음식에 대한 만족도가 굉장히 높습니다. 저는 볼로네제파스타를 좋아하고요. 다른 분들이 이야기한 메뉴도 다 좋아해요. 참, 신애가 가끔 떡볶이도 만드는데 정말 맛있어요. 고기를 넣은 떡볶이인데, 메뉴에는 없지만 스페셜 오더로 맛볼 수 있어요. 어디에서도 맛볼 수 없는 홍신애표 특급 떡볶이죠.

장재영　저는 토마토카프레제, 페타 치즈를 올린 가지구이, 명란파스타를 애정합니다. 디저트로는 티라미수 케이크가 제일 먼저 떠오르네요.

Q　솔트와 홍신애 셰프에게 애정 어린 조언을 해주신다면요?

강효문　좋아하고 애정하면 다 쏟아부으니까, 나중에 번아웃되면 어쩌나 하는 걱정도 하게 됩니다.

장재영　신애는 크리에이터로서 한번 꽂히면 돌진하는 면모를

보여주죠. 그게 오늘의 솔트와 홍신애를 만들었을 거예요. 하지만 가끔은 폭주하는 게 아닌가 걱정할 때도 있었어요. 요즘엔 본인 스스로 잘 컨트롤하는 것 같아 다행이라고 여깁니다.

Q　솔트 10주년을 맞아 덕담 한 마디씩 부탁드립니다.

장재영　요즘 같은 시대에 식당을 운영하기란 정말 어렵죠. 그런데 신애는 그 어려운 일을 10년간 해오고 있습니다. 건강한 음식과 맛있는 메뉴를 모토로 살아왔기 때문에 가능하지 않았나 싶습니다. 앞으로도 계속, 이렇게 해 나가길 진심으로 바랍니다.

강효문　개인적인 바람이긴 한데, 신애가 앞으로 팜 투 테이블*Farm to Table*을 해보면 좋겠어요. 건강한 식재료를 바탕으로 한 미래 지향적인 셰프가 되길 바라봅니다.

윤지호　저 역시 항상, 지금까지 해왔던 것처럼 신애가 열정적으로 솔트를 꾸려 나갈 수 있기를 바랍니다. 솔트를 늘 응원하는 언니, 오빠들이 있다는 것도 잊지 말아주시고요.

홍신애의 열혈 찐팬,
소니아 홍 라이브 컴퍼니 한국 대표

"엄마와 딸, 손녀 삼대가 솔트 마니아!"

소니아 홍 대표는 일찌감치 미국 유학을 떠나 해외 항공사와 관광업계의 전문가로 이름을 날렸다. 캐세이퍼시픽항공, 유나이티드 에어라인, 대한항공 등 세계 굴지의 항공사에서 일했고, 뉴질랜드 관광청 한국 대표를 맡아 16년간 일하기도 했다. 지금도 라이브 컴퍼니 한국 대표를 맡아 관광 마케팅 분야에서 맹활약하는 중이다. 오랜 시간 동안 대한민국에서 프로페셔널 우먼의 선두 주자로 살아왔던 그녀는 긴 해외 생활을 통해 얻은 안목과 식견, 이를 바탕으로 한 미식의 발견에 일가견이 있다. 소니아 홍 대표와 홍신애 셰프는 가장 좋은 친구이자 고객, 선후배이자 동료로 서로의 삶을 응원해준다. 요리든 삶이든 무엇이든 열정적으로 임하는 소니아 홍 대표와 홍신애 셰프는 닮은 구석이 꽤 많다.

Q   **솔트와 어떻게 첫 인연을 맺게 되었는지 궁금합니다.**
소니아 홍 4년 전에 비즈니스 파트너와 식사할 일이 있었는데, 그분이 이곳을 소개해주었습니다. 저녁을 먹었는데, 솔트에 첫눈에 반했다고 할까요? 음식이 너무 맛있었고 인테리어와 분위기가 제 마음에 쏙 들어왔습니다. 특히 솔트의 접시, 잔, 커트러리 등

소품 하나하나에 홍신애 셰프의 감각과 애정이 묻어났어요. 그녀의 특별한 취향과 감각에 매료되었죠.
홍신애 솔트의 진정한 애호가로, 이곳을 많이 사랑하고 아껴주는 대표 주자세요. 소니아 홍 대표님의 따님이 액세서리 디자이너인데, 오늘 제가 하고 온 액세서리도 그분 작품이에요.

Q   **셰프로서 첫 느낌은 어땠는지 궁금합니다.**
소니아 홍 음식 만드는 일에 프라이드를 지니고 있고, 자신의 요리를 열정적으로 설명해주던 모습이 인상적이었어요. 또 모든 사람에게 행복감을 선사하는 분이었어요.

Q   **솔트의 요리는 어떤가요?**
소니아 홍 식당 주인의 캐릭터와 인테리어 분위기가 제아무리 마음에 든다고 해도, 음식 맛이 없으면 그 식당을 찾아가지 않죠. 저는 가족뿐만 아니라 비즈니스할 때도 손님들을 모시고 솔트에 와요. 분위기가 좋고, 무엇보다 음식이 맛있거든요. 다들 맛있다고 엄지척해주니 소개해준 입장에서 뿌듯함을 느낄 수 있습니다.

Q 솔트의 베스트 메뉴를 하나 추천해주세요.

소니아 홍 저는 영국과 인연이 깊어요. 영국 회사에서 오랫동안 일했고, 16년 동안 뉴질랜드 관광청 대표를 맡았습니다. 영국 대표 음식이 피시앤칩스잖아요. 본토에서 정말 많이 먹어봤어요. 그런데 영국에 가도 솔트처럼 맛있는 피시앤칩스를 찾기 힘들어요. 그만큼 솔트의 피시앤칩스는 최고라고 할 수 있습니다.

Q 가족이 모두 단골이라고 들었습니다.

소니아 홍 솔트의 음식과 분위기, 친절함과 세심한 면을 좋아합니다. 제 딸이 결혼해서 여섯 살짜리 손녀를 두었는데, 딸과 손녀가 이곳에 오는 것을 정말 좋아해요. 손녀는 평소 누구를 그렇게 막 따라다니는 아이가 아닌데 여기만 오면 '이모, 이모' 하며 홍신애 셰프를 잘 따라다녀요. 저와 딸, 손녀까지 삼대가 이곳의 열혈 팬이 되었죠.

Q 기억에 남는 특별한 순간이 있을까요?

소니아 홍 솔트에서 제 60세 생일 파티를 열었습니다. 가족과 함께 잊지 못할 특별한 날을 보낼 수 있었죠. 또 매년 크리스마스 브런치를 먹는 곳도 이곳입니다. 홍신애 셰프가 만드는 특별한 크리스마스 음식을 맛보며 가족들과 함께 보내는 게 연례 행사입니다. 요즘은 코로나19 때문에 가족과 함께 모일 수 없어 많이 안타까워요. 어서 빨리 이곳에서 즐거운 시간을 보낼 날들을 고대하고 있습니다.

Q 솔트 요리의 장점을 꼽아주신다면요?

소니아 홍 홍신애 셰프는 전국을 다니면서 좋은 재료를 선별하고, 또 그 재료를 공수해 시간과 정성을 많이 들여 손질합니다. 그렇게 손질한 재료는 아낌없이 풍성하게 사용해 손님상에 내고요. 이렇게 만든 음식이니 맛있을 수밖에 없지요. 솔트에서 먹은 멸치파스타에 반했던 기억이 납니다. 보통 사람들이 쉽게 생각하지 못하는 방식으로 음식에 접근해서 늘 새로운 요리 세상을 펼쳐 보여주죠. 또 음식에 어울리는 와인도 추천해주는데, 부담 없는 가격에 정말 맛있는 와인을 골라낼 줄 압니다. 칭찬할 게 너무 많아 끝도 없이 이어지네요. (웃음)

Q 10주년을 맞은 솔트에게 덕담을 해주신다면요?

소니아 홍 저를 포함해 온 가족이 모두 미식가예요. 평소에 맛있는 곳도 많이 찾아다니며 새로운 음식과 트렌드를 즐기죠. 곳곳을 다녀보면 화려하고 잘나가는 식당이 참 많아요. 하지만 우리에게 솔트만 한 곳은 없어요. 가족에게 "오늘 어디 가서 식사할까?" 물으면 1등으로 꼽는 곳이 솔트예요. 지금처럼만 잘해주었으면 좋겠습니다. 늘 고향에 가듯, 친정에 가듯 찾는 곳, 저와 가족에게 특별한 의미를 지닌 곳으로 남아주기를 바랍니다.

<수요 미식회>로 인연을 맺은
당산오돌 이승철 대표,
솔트 애호가 홍수연

"솔트는 상업성과 담 쌓았지만 식재료에 진심과 정성을 다하죠"

당산오돌은 영등포구 일대에서 소문난 맛집으로, 꼬들살과
오돌갈비, 껍데기 등 돼지고기 특수 부위를 국내에 유행시킨
고깃집이다. 이승철 대표는 당산오돌을 운영하기 전부터 다양한
사업을 통해 운영 감각을 익힌 사업가다. 그는 요식업을 하기로
마음먹은 후에 남들이 관심 갖지 않던 돼지고기 특수 부위에
집중했고, 2018년 <수요 미식회>에 등장하면서 온 국민이
돼지고기 특수 부위에 관심을 갖는 계기를 마련했다. 그의 요식업
인생사는 <수요 미식회> 출연 전후로 나뉘는데, 이때 홍신애
셰프와 처음 만났다. 같은 요식업계에서 활동하는 동료이기도
하지만, 그녀에게 다양한 조언과 혜안을 얻으며 솔트의 열혈 팬을
자처하고 있다. 오늘 함께 자리한 홍수연 씨 역시 이승철 대표와
함께 솔트의 열성 팬으로 활약하고 있다.

Q 방송 촬영으로 인연을 맺었다고 들었습니다.
이승철 <수요 미식회> 돼지고기 특수 부위 편을 촬영하면서
처음 만났습니다. 홍신애 셰프는 촬영 전에 세 번 정도 식당을
다녀갔습니다. 방송을 위해 똑같은 식당에 세 번씩 찾아오는
것을 보면서 '굉장히 열심히 준비하시는구나' 하고 생각했습니다.
나중에 방송할 때 보니, 다른 패널들은 그냥 넘어가는 부분까지도
예리하게 지적하고 언급하시더군요. '이 집은 껍데기가 정말
맛있다'고 극찬해주었고, 이후 손님들이 껍데기를 많이 찾게
되었습니다. 저는 대한민국에 껍데기를 유행시킨 장본인이 홍신애
셰프가 아닐까 생각합니다.

Q 방송의 위력을 제대로 파악하셨겠네요.
이승철 정말이지 엄청난 파급력을 확인했습니다. 방송 후 손님들이
몰려오기 시작하는데, 감당할 수 없을 만큼이었습니다. 너무
힘드니까 직원들이 다 그만두고 딱 두 명 남더라고요. 매출이
몇 배씩 올랐지만 지속 가능한 일이 중요하다는 것을 깨달은
후 메뉴를 줄이고 일요일에는 문을 닫는 등 나름대로 돌파구를
찾았습니다.

Q 그 후 홍신애 셰프와의 인연은 어떻게 이어져 왔나요?

이승철 방송 후에도 식당에 여러 차례 방문해서 다양한 조언을 해주었습니다. 제가 재료를 바꾸어 의견을 물어보면 솔직하게 답해주고, 좋은 점이 있으면 칭찬도 아끼지 않았고요. 늘 남다른 조언을 해주시니 제가 항상 자문을 구하게 됩니다. 또 주변 분들에게 저희 식당을 추천해주기도 했습니다.

Q 동종 업계에서 봤을 때, 홍신애 셰프만의 특징이 있다면요?

이승철 재료와 타협하지 않습니다. 국내외에서 가장 좋은 식재료를 찾아내죠. 홍신애 셰프는 원가를 잘 따지지 않아요. 일단 좋은 것을 사용해야 하니 비싸더라도 사고 보죠. 사업가의 눈으로 보면 원가 대비 수익률이 너무 낮은 거 아닌가 하는 걱정도 듭니다. (웃음)

Q 솔트에서 기억에 남는 요리를 소개해주신다면요?

이승철 솔트식 명란파스타와 피시앤칩스를 좋아합니다. 신선하면서도 조화로운 맛에 반했죠. 홍신애 셰프는 평범한 음식을 내놓기보다 재료의 특징을 풀어서 새롭게 선보이는 방식을 선호하는 것 같습니다. 피시앤칩스의 고추장소스처럼 다른 사람들이 생각할 수 없는 것들을 만들어내죠. 서양 음식이지만 한국식으로 해석해내는 부분도 정말 좋습니다.

홍수연 저도 피시앤칩스를 꼽고 싶습니다. 달고기를 먹기 쉽게 적당한 크기로 잘라 튀겨내고, 고추장을 베이스로 한 소스는 청양고추를 잘게 썰어 넣어 느끼한 맛을 잡아줍니다. 영국에서도 맛보지 못했던 정말 맛있는 피시앤칩스를 솔트에서 발견했을 때 감동받았습니다.

Q 솔트 10주년 기념 축하 멘트도 전해주세요.

이승철 지금처럼만 앞으로도 계속해주시길 바랍니다. 늘 그랬던 것처럼 즐겁게 요리하고 최고의 맛을 추구하는 솔트가 되길 바랍니다.

홍수연 홍신애 셰프는 셰프라기보다 연구자에 가깝다고 생각합니다. 요리와 재료에 정성과 진심을 다하죠. 인기에 연연하지 않았기 때문에 솔트의 10년이 가능했다고 생각합니다. 솔트 오픈 10주년을 진심으로 축하합니다.

미식 탐험 대가,
허영만 화백

"홍신애와 솔트는 음식에 꼭 필요한 소금 같은 존재"

요즘 미식가들 사이에서는 허영만 화백과 그가 진행하는 TV
프로그램 〈백반기행〉이 화제다. 음식에 진심인 허영만 화백과
그가 안내하는 한국 백반 음식의 세계가 깊고 넓어 한식을 다시
보게 되는 계기를 만들어주기 때문이다. 따지고 보면 허영만의
〈백반기행〉 이전에 〈식객〉이 있었다. 장장 8년간의 연재를 통해
27권으로 완결된 한국의 대표 요리 만화 〈식객〉은 요리와 관련된
대한민국 모든 사람들에게 바이블 같은 책이다.
〈식객〉을 통해 한국 정통 미식 문화를 개척한 그답게 홍신애
셰프가 처음 문을 열었던 한식당 '쌀가게'도 그의 레이더망에
걸리게 되었다. 이후 솔트를 거치면서 서로 친해진 홍신애 셰프와
허영만 화백. 음식과 요리라는 공통의 관심사 앞에서 막역한
사이가 된 두 사람의 모습이 꼭 오누이 같다.

Q **두 분이 처음 알게 된 계기가 궁금합니다.**

홍신애 제가 솔트를 오픈하기 전에 한식당 '쌀가게'를 운영한
적이 있었어요. 그때 허영만 선생님께서 식사하러 쌀가게를
찾아오셨습니다. 당시 너무 바빠 주방에서 인사드렸던 기억이
나네요.

허영만 제가 백반집을 좋아합니다. 어느 날인가 신문을 보는데,
'하루 100인분만 파는 한식당'이 있다는 기사가 눈에 들어와
한번 가보자 한 거죠. 직접 가서 음식 맛을 보았는데 식단 구성이
꽤 괜찮았어요. 불고기며 된장국이며 상당히 먹을 만했습니다.
쌀가게라는 식당 이름도 재미있었죠. 그 후 두세 번쯤 더 방문했고,
인연이 솔트로 이어지고 있습니다.

Q **〈백반기행〉이라는 TV 프로그램에 두 분이 함께 출연하신 적도 있죠?**

홍신애 초창기에 게스트로 초대받은 적이 있습니다. 당시에는 방송
초반이라 선생님도 완벽하게 적응하기 전이었어요. 제가 출연해서
분위기를 풀어드리는 역할을 맡았죠. 이후 전주 편에 나가서 갈비
이야기를 했던 기억이 납니다. 요즘엔 방송을 보니 청산유수로
말씀을 잘하시더라고요. 방송에 완벽히 적응하신 거죠.

허영만 그때 홍신애 셰프가 방송에 나와 LA갈비에 대해 많이
이야기해주고 갔습니다.

홍신애 허영만 선생님은 직접 요리하는 데에도 일가견이 있으세요.

눈썰미가 굉장히 좋으신 편입니다. 선생님께서는 마음에 드는 음식이 있을 때는 어떻게 만드느냐고 꼭 물어보세요. 나중에 보면 직접 만들어 드시더라고요.

Q 홍신애 셰프의 장점을 말씀해주신다면요?

허영만 성격이 굉장히 밝아요. 꽃으로 그려본다면 해바라기 같은 여성이 아닐까 생각합니다. 언제 어디서나 존재감이 확 드러나는 분이죠. 이분은 요리에 진심인 사람입니다. 언젠가 한번은 제가 입맛이 없어 '뭘 먹을지 모르겠다'고 했더니 그날 음식을 해서 작업실로 가져온 적도 있습니다. 그 모습을 보면서 '아, 이 사람은 먹는 것에 정말 진심을 다하는구나' 생각했죠. 무엇보다 홍신애 씨가 갖고 있는 맑은 성품이 느껴져요. 주변 사람들이 어려움을 겪거나 힘들다고 하면 그걸 그냥 못 보고 못 넘기죠. 제가 솔트를 사랑할 수밖에 없는 이유입니다.

Q 홍신애 셰프의 음식 중에서 마음에 드는 것을 꼽아주세요.

허영만 매번 달라지는데, 요즘엔 덩어리 치즈를 뚝뚝 잘라서

토마토에 얹고 맛있는 소금 뿌려서 내는 토마토카프레제를 좋아합니다. 집에서도 종종 만들어 먹곤 하지요.

Q 솔트 오픈 10주년을 맞아 준비하신 기념사가 있다고 들었습니다.

허영만 전 평소에도 소금에 대해 굉장히 고마움을 느끼는 사람입니다. 세상 모든 음식의 시작은 간입니다. 그 간을 소금으로 하죠. 소금의 중요성에 대해서는 백 번을 이야기해도 부족하지 않습니다. 저는 가끔 명절에 주변 지인들에게 소금 선물을 하는데, 선물받은 사람들이 "갑자기 웬 소금이냐?"고 궁금해해요. 그래서 "소금은 음식을 할 때 반드시 필요하지만 들어가는 순간 녹아버려 자기 존재를 드러내지 않는 아주 중요한 음식 재료다. 우리 모두 소금 같은 존재가 되자"라고 답하곤 했죠. 그래서 진짜 많은 사람이 소금이 됐어요. (웃음)
그런 소금을 영어로 쓰면 솔트 아닙니까? 홍신애의 솔트도 그와 같은 역할을 해주길 바랍니다. 솔트가 올해로 10주년을 맞았으니 앞으로 50주년, 100주년까지 아주 오랫동안 존재해주기를 진심으로 바랍니다.

아들이 이야기하는
엄마 홍신애

"아픈 나를 치유해준 건 엄마의 따뜻한 음식이었어요."

Jason Jaesung Hong
큰아들 홍재성

어렸을 때부터 잔병치레가 많았어요. 늘 아팠고 엄마는 바쁜 와중에도 저를 병원에 데리고 다니느라 하루하루 힘들었던 시절을 보냈어요. 그런 제가 지금 이렇게 건강하게 자란 건 엄마가 해준 치유의 음식들 덕분인 것 같아요.
엄마의 음식에서는 맛뿐만 아니라 저희 형제를 따뜻하게 생각하는 마음, 그리고 우리를 잘 보호해야 한다는 책임감이 그대로 느껴졌습니다. 지금도 그때 엄마가 해준 음식의 향기가 생각나요. 성인이 된 제가 여전히 엄마의 음식이 그리운 것을 보면 어쩌면 음식을 통해 우리에게 주었던 엄마의 메시지를 지금도 마음에 담고 있는 것 때문이 아닐까 생각합니다. 솔트 레스토랑에 방문하는 모든 분들도 엄마의 음식을 먹고 더욱 건강해지고 행복해지길 바랍니다.

Andrew Jungwook Hong
작은아들 홍정욱

어렸을 적 기억은 선명하지 않지만 가끔 옛날 사진을 들춰 보면 형이 공부를 하고 있고 제가 브라우니를 구워 들고 있는 사진이 있습니다. 늘 바쁜 엄마였지만 쉬는 날이면 빵도 만들어주시고 맛있는 것도 많이 만들어주셨어요. 또 어떻게든 틈을 내어 좋은 레스토랑들도 많이 데리고 다녀 유행하는 음식들을 많이 먹어볼 수 있었죠. 그 덕분에 저도 요리를 잘하고 싶고 가끔 솔트에 와서 아르바이트를 할 때면 손님들께 칭찬도 많이 받아요. 전문 요리사까지는 아니더라도 요리를 잘하게 된다면, 그리고 많은 분들께 맛있는 요리를 내어줄 수 있게 된다면 그건 100% 엄마의 영향일 것 같습니다. 주위 사람들이 엄마가 유명한 요리사라 좋겠다고 하고, 부러워하기도 해요. 매사에 항상 열심히, 그리고 최선을 다해 일하는 우리 엄마가 전 자랑스러워요.

월간 홍신애

'쌀가게'를 운영할 당시부터 솔트가 10주년이
된 지금까지 분기별로 발행하는 홍신애식 요리
잡지입니다. 솔트의 셰프들과 함께 고민하며 만든
메뉴들, 전국 방방곡곡을 돌아다니며 찾아낸
식재료들, 어울리는 술과 다양한 인물들의
인터뷰까지. 메뉴판을 대신해 만든 월간 홍신애는
손님들에게도 인기 있어 마구 가져가실 수 있도록
넉넉히 인쇄해 비치하고 있습니다. 솔트에 놀러
오시면 한 권씩 챙겨드릴게요!

월간 홍신애

2021 겨울 메뉴판 Vol.37

솔트 10주년 특별호

COOKING STUDIO

마음껏 가져가세요.

월간 홍신애

2020 가을/겨울 메뉴판 Vol.34

마음껏 가져가세요.

월간 홍신애
2021 봄 메뉴판 Vol.35

마음껏 가져가세요.

월간 홍신애
2021 여름 메뉴판 Vol.36

마음껏 가져가세요.

Epilogue

안녕히 가세요, 솔트에 또 놀러 오세요

솔트의 문을 연 지 어느새 10년, 많은 것들이 생각납니다.

처음 박병규 셰프와 솔트에서 만난 날, 피시앤칩스와 고추장소스를 처음 손님께 선보인 날, 난생처음 참치 한 마리를 손질해본 날, 솔트에서 만나고 결혼하고 아이를 낳은 커플이 돌잔치를 솔트에서 하고 싶다고 찾아온 날⋯. 정말 수많은 사람들과 수많은 사연이 함께한 시간입니다.

가끔 식사하는 손님들을 지켜보고 있으면 저까지 행복해집니다. 즐거운 순간, 행복한 순간에 기억되는 레스토랑 솔트라는 공간이 손님들께도 특별할 거라 생각하니 제가 더 뿌듯합니다. 누구에게나 좋은 공간으로 기억되는 식당에서 내가 일을 하고 있다니⋯ 이 또한 얼마나 멋진 일입니까?

이렇게 솔트를 방문하고 행복을 쌓아가신 손님들이 저를 여기까지 이끌었습니다. 정말 신나게 요리하고 열심히 실험하고 끊임없이 달렸습니다. 웃는 날도 있었고 우는 날도 있었지만 역시 지나고 나니 모두가 핑크빛 추억이 되었네요. 이 책을 만들면서 솔트를 가장 많이 방문하고 아낌없는 찬사와 사랑을 보내준 우리 손님들께 감사한 마음이 가장 컸습니다.

그리고 처음부터 지금까지 저와 함께 요리해준 솔트의 식구들께도 이 책을 바칩니다. 현재는 같이 일하지 않지만 한때 솔트에 몸담았던 우리 셰프님들과 아르바이트생 친구들에게도 이 책을 바칩니다. 늘 좋은 재료로 솔트를 빛내주는 수많은 공급처와 배달하느라 애써주시는 분들, 쓰레기를 치워주시는 숨은 공로자분들께도 인사드리고 싶습니다.

생각해보면 신세지고 은혜를 입지 않은 사람이 없습니다. 이렇게 지나온 10년, 그리고 앞으로 나아갈 10년, 이 모든 사람들과 계속 같이할 겁니다. 지금의 솔트를 만들어주셔서 감사합니다! 계속해서 맛있고 멋있는 행복한 식당이 되도록 노력하겠습니다.

홍신애 드림

Salt

10th
Anniversary

값 50,000원